W0221032

Impulse Physik

Klasse 6

für die Gymnasien in Nordrhein-Westfalen

von
Georg Heinrichs
Reiner Kohl
Detlef Müller
Michael Neffgen
Johannes Opladen
Uwe Petzschler
Jürgen Reimers
Peter Siebert
Klaus Weber

Ernst Klett Verlag
Stuttgart Düsseldorf Leipzig

Dieses Unterrichtswerk
Impulse Physik, Klasse 6, Nordrhein-Westfalen, wurde auf der Grundlage der Ausgabe Impulse Physik, Klasse 6 (Klett-Nr.7724)
von
Georg Heinrichs, Reiner Kohl, Detlef Müller, Dr. Michael Neffgen, Johannes Opladen, Uwe Petzschler, Jürgen Reimers, Dr. Peter Siebert und Dr. Klaus Weber entwickelt.

Die Ausgabe Impulse Physik, Klasse 6 (Klett-Nr.7724) wurde von

Klaus Graeff, Georg Heinrichs, Detlef Müller, Johannes Opladen, Marga Pfeffer und Jürgen Reimers entwickelt,

sowie in Zusammenarbeit und Beratung mit Wilhelm Bredthauer, Gunter Klar, Prof. Dr. Michael Lichtfeldt †, Martin Schmidt und Peter Wessels verfasst.

9 783127 724110

1. Auflage A 1 5 4 3 2 1 | 2006 2005 2004 2003 2002

Alle Drucke dieser Auflage können im Unterricht nebeneinander benutzt werden, sie sind untereinander unverändert. Die letzte Zahl bezeichnet das Jahr dieses Druckes.
© Ernst Klett Verlag GmbH, Stuttgart 2002.
Alle Rechte vorbehalten.
Internetadresse: http://www.klett-verlag.de

Einbandgestaltung und Grafiken: Alfred Marzell, Schwäbisch Gmünd.
Reproduktion: Meyle + Müller, Medien-Management, Pforzheim.
Druck: SCHNITZER DRUCK GmbH, 71404 Korb. Printed in Germany.

ISBN 3-12-772411-X

Hinweise zur Gliederung des Buches

Dieses Buch soll Schüler/innen und Lehrer/innen durch den Physikunterricht begleiten. Es will den Unterricht mit seinen Experimenten nicht ersetzen, doch bietet es die Möglichkeit, den Lernstoff selbstständig nachzuarbeiten. Ferner enthält es interessante Zusatzinformationen und gibt zahlreiche Anregungen, um selbst zu forschen.

Die Seiten im Buch sind so gestaltet worden, dass ein rascher Überblick über deren Inhalt und den Gedankengang möglich ist. Dabei werden die Informationen nur mit den notwendigen Begriffen angeboten, um unnötige Schwierigkeiten zu vermeiden. Auf ein Mitdenken der Leser/innen kann dabei aber nicht verzichtet werden.

Gliederungskennzeichen im Buch

Grundwissen

„Fahne“ in Kapitelfarbe zur Kennzeichnung des grundlegenden Lehrtextes im Buch mit gekennzeichneten Merksätzen und Fragen.

Inhalt:
Problemgeschichte mit Begriffsdefinitionen, Erklärungen und Folgerungen aus Experimenten; davor eine Geschichte oder ein Phänomen als motivierender Einstieg.

Kapitelbeginn

Überschrift mit Kennfarbe des Themenbereiches (siehe Inhaltsverzeichnis); die Überschrift wird auf jeder der folgenden Seiten unten bei der Seitenzahl wiederholt.

Inhalt:
linke Seite: Phänomen als Einstieg ins Kapitel rechte Seite: Verschiedene Probleme, die auf den folgenden Stoff hinführen.

Abschluss mit Rückblick und Aufgaben

Am Ende eines Kapitels befinden sich, mit „Fahnen“ gekennzeichnet, zusammenfassend

- Fragen zum Merkwissen als Rückblick auf die wichtigsten Inhalte zum Selbstprüfen,
- Lösungsbeispiele von Musteraufgaben,
- Heimversuche,
- Aufgaben zu verschiedenen Stoffgebieten.

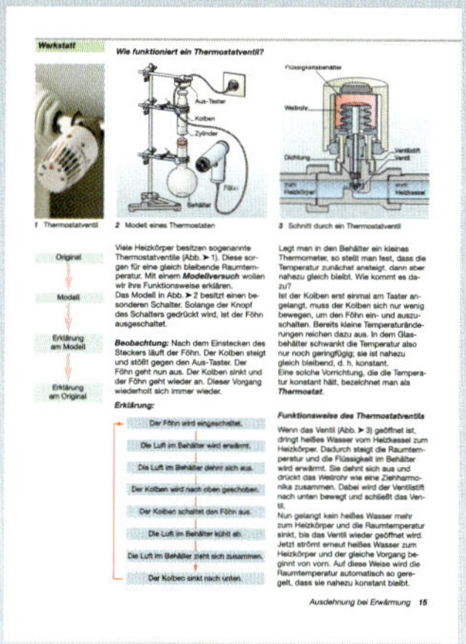

Werkstatt

„Fahne“ in Kapitelfarbe zur Kennzeichnung

Inhalt:
Beschreibung der grundlegenden Arbeitsmethoden und Vorgehensweisen der Physik, sowie Anleitungen zu selbstständigem Arbeiten und Experimentieren.

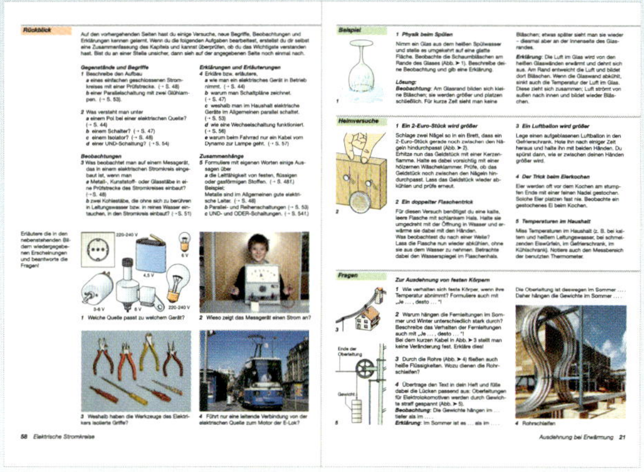

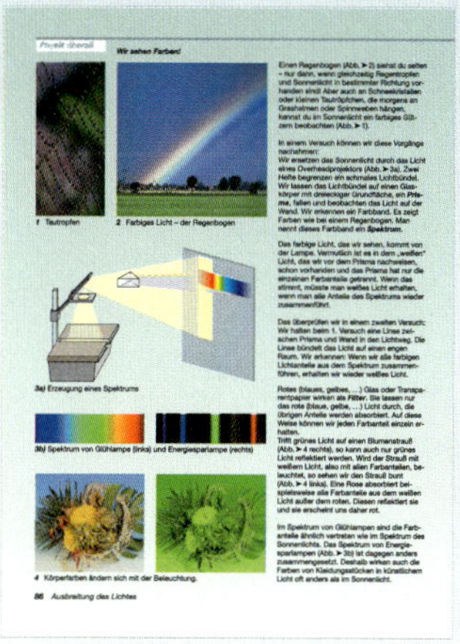

Ergänzungen

Abschnitte oder ganze Seiten auf grünem, grauem oder braunem Hintergrund; die Schrift ist kleiner als beim Grundwissen.

Inhalt:
Weiterführender Stoff sowie Zusatzinformationen für Kontexte aus Umwelt, Medizin und Naturwissenschaften, Technik und Geschichte.

Inhaltsverzeichnis

Allgemeiner Gefahrenhinweis zu den Versuchen im Buch

Sämtliche Versuche dürfen nur vom Lehrer oder unter seiner Aufsicht durchgeführt werden. Auch die Heimversuche dürfen nur im Beisein eines Erwachsenen gemacht werden.
Fehlende Gefahrenhinweise bedeuten nicht, dass der Versuch immer gefahrlos ist.

Jeder sieht die Welt mit anderen Augen: Physikerin, Biologe, Maler und Bauer machen sich hier Gedanken über einen roten Apfel und stoßen dabei auf unterschiedliche Fragen. Auch die kleine Erna hat ein Problem…
Wie bekomme ich nur dieses Rot auf die Leinwand?
Wird der Falter von der roten Farbe des Apfels angezogen?
Ob ich mit diesem Apfel wirklich den 1.Preis erreiche?
Wie seltsam: durch diese blaue Glasscheibe sieht der Apfel schwarz aus!
Wie komme ich bloß an den Apfel?
Warum fällt der Apfel schneller als das Blatt?
$v = g \cdot t$
$s = \frac{1}{2} g \cdot t^2$
schmatz…

dpa **D-Zug bei Meinersen entgleist**: *Ein Mann untersucht die infolge der Hitze verbogenen Gleise an der Unglücksstelle. Bei einem Bahnunglück in der Nähe von Meinersen (Kreis Gifhorn) sind am 28.7.1969 vier Menschen getötet und über 20 zum Teil schwer verletzt worden. Nach Mitteilung der Bundesbahndirektion Hannover entgleiste der Zug D-136 zwischen den Bahnhöfen Leiferde und Meinersen vermutlich, weil sich durch die Hitze die Gleise verbogen hatten.*

Ausdehnung bei Erwärmung

V1 Durch einen einfachen Versuch (Abb.➤ 1) kann man die Ausdehnung einer Stricknadel bei Erwärmung zeigen. Welche Rolle die Stecknadel und der Strohhalm dabei spielen, kann man sich leicht klar machen, wenn man die Stricknadel zuvor ganz leicht hin und her bewegt.
Was geschieht beim Abkühlen der Stricknadel?

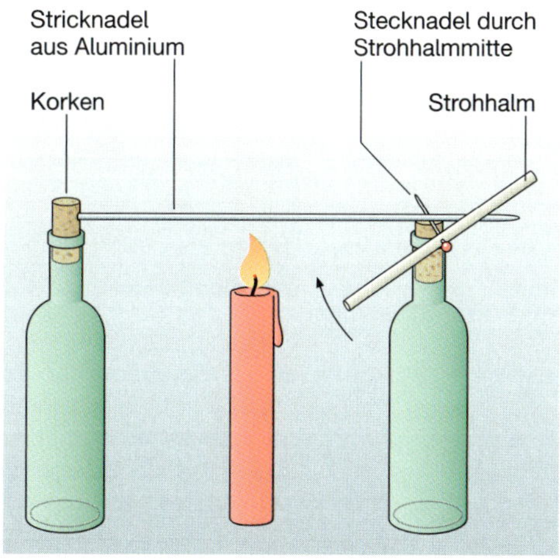

1 Ausdehnung einer Stricknadel

Wegen der Ausdehnung beim Erwärmen, muss sich auch eine Brücke gegenüber ihren Stützen bewegen können (Abb.➤ 3). Das wird durch die Brückenlager gewährleistet (Abb.➤ 2). Viele Brücken haben heute elastische gummiähnliche Lager. Manchmal gibt es jedoch auch noch Rollenlager, die ganz genau wie die Stecknadel im Versuch funktionieren.

2 Lagerung eines Brückenteils auf Rollen

3 Die Brücke ist auf Rollen gelagert.

Feste Körper dehnen sich aus

Ein sehr kalter Wintertag. Der Fotograf hat trotz der Kälte seinen Fotoapparat ausgepackt und eine Stromleitung fotografiert. Er hat sich genau gemerkt, an welcher Stelle das Fotostativ aufgestellt wurde. Einige Monate später begibt sich der Fotograf an die gleiche Stelle. Inzwischen ist es Frühling geworden und die Sonne scheint. Der Fotoapparat wird aufgestellt und genau ausgerichtet. Der Vergleich der Bilder zeigt, dass irgendetwas mit der Stromleitung geschehen sein muss.
Was fällt dir auf? Sieh dir die linke obere Ecke des Schildes genau an.

Grundwissen

Wir ändern die Temperatur fester Körper

Wie verhält sich ein Draht, wenn man seine Temperatur erhöht?

V1 Ein Draht wird an beiden Seiten fest eingespannt und mit einem Körper beschwert (Abb. ➤ 1). Die Lage des Körpers wird markiert. Anschließend wird der Draht mithilfe einiger Teelichter erhitzt. Nach einiger Zeit sieht man, dass sich der Körper ein wenig gesenkt hat.

Ein Draht wird also länger, wenn man seine Temperatur erhöht. Körper werden beim Erwärmen aber nicht nur länger, sondern auch breiter. Dies lässt sich gut beim Erwärmen einer Kugel beobachten.

V2 Eine Kugel aus Eisen passt genau durch die Öffnung in einem dicken Blech (Abb. ➤ 2). Nun wird die Kugel mit einem Gasbrenner erwärmt. Sie passt dann nicht mehr durch die Öffnung.
Die Kugel hat sich beim Erwärmen nach allen Richtungen hin ausgedehnt. Sie ist größer geworden!

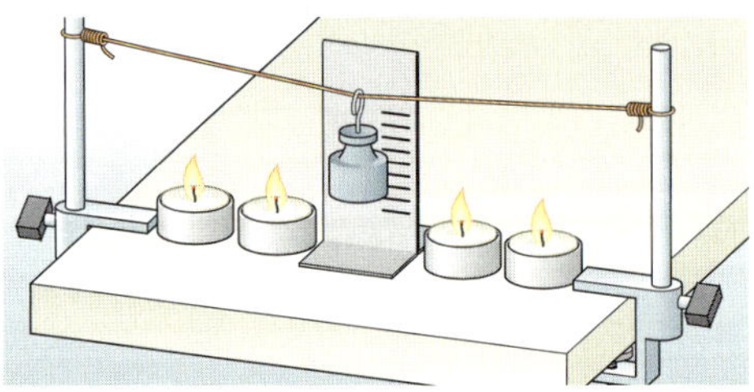

1 Zu Versuch 1

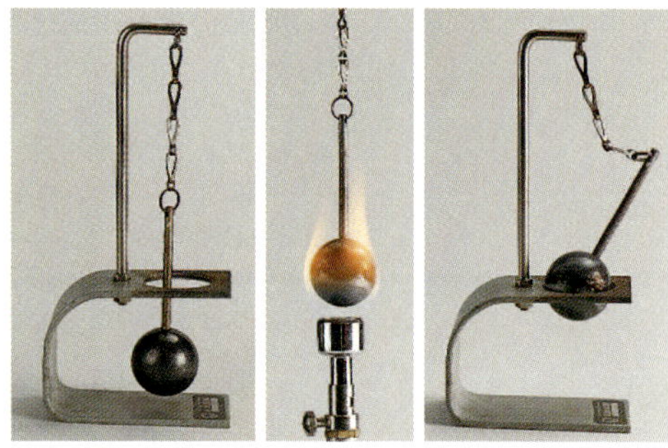

2 Die Kugel hat sich ausgedehnt.

Der Draht und die Kugel ändern ihre Größe erneut, wenn sie sich abkühlen. Der Draht nimmt wieder seine ursprüngliche Länge an. Die Kugel passt bei Zimmertemperatur wieder durch die Öffnung.

> Feste Körper dehnen sich nach allen Seiten aus, wenn man sie erwärmt. Sie ziehen sich wieder zusammen, wenn man sie abkühlt.

Fragen

1 Warum ist die Ausdehnung des Drahtes nicht so deutlich zu sehen, wenn man nur zwei Teelichter benutzt?

2 Wie kann man ausschließen, dass nicht eine Rußschicht die Ursache dafür ist, dass die Kugel in der Öffnung stecken bleibt?

Unterschiedliche Ausdehnung

Im Experiment mit dem Draht ist die Längenausdehnung deutlich kleiner als bei der Hochspannungsleitung. Welche Größen beeinflussen die Ausdehnung?

So gehen Physiker vor:

Beobachtung → Vermutung → Experiment planen. → Verschiedene Einflüsse der Reihe nach untersuchen. → Eine Größe verändern, andere konstant halten. → Ergebnisse formulieren.

Die Hochspannungsleitung hat eine größere Länge als der Draht. Aber auch das Material und der Betrag der Temperaturänderung könnten die Ausdehnung beeinflussen. Wir untersuchen diese Einflüsse der Reihe nach.

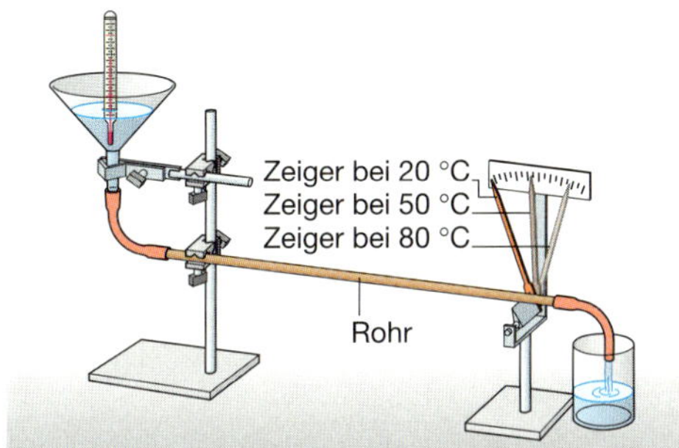

1 Ausdehnung bei verschiedenen Temperaturänderungen

V1 Ein Kupferrohr mit Zimmertemperatur (20 °C) wird von Wasser mit einer Temperatur von 50 °C durchflossen (Abb. ➤ 1).

Der Zeigerausschlag wird auf der Skala markiert. Anschließend wird der Versuch mit 80 °C warmem Wasser wiederholt. Der Zeigerausschlag ist größer.

> Je größer die Temperaturänderung, desto größer ist die Ausdehnung des Körpers bei gleicher Länge und gleichem Stoff.

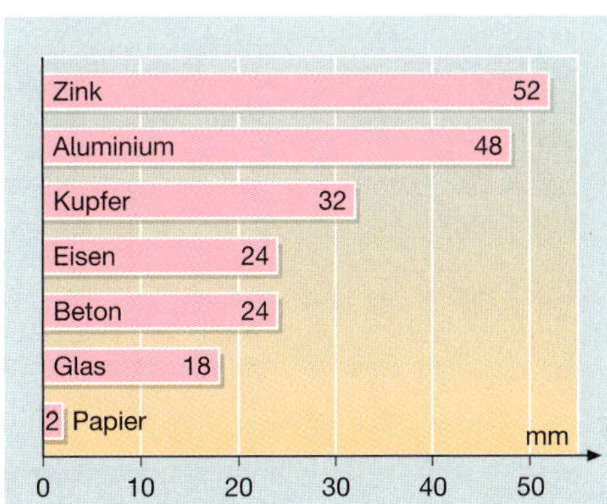

4 So viel werden 100 m lange Stäbe bei einer Temperaturerhöhung von 20 °C länger.

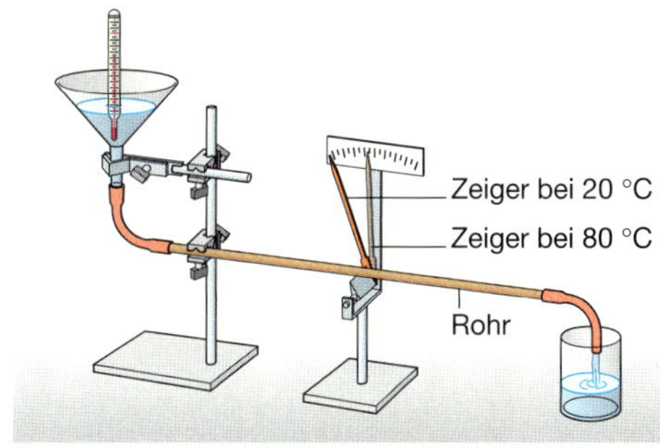

2 Ausdehnung bei halber Länge

V2 Der Versuch wird so abgeändert, dass die Zeigervorrichtung in der Mitte des Rohres steht (Abb. ➤ 2). Damit wird nur noch die Längenänderung bei halber Rohrlänge angezeigt. Der Versuch wird mit 80 °C warmem Wasser wiederholt. Es ist zu beobachten, dass der Ausschlag des Zeigers nur noch halb so groß ist.

> Je größer die Länge des Körpers, desto größer ist die Ausdehnung bei gleicher Temperaturänderung und gleichem Stoff.

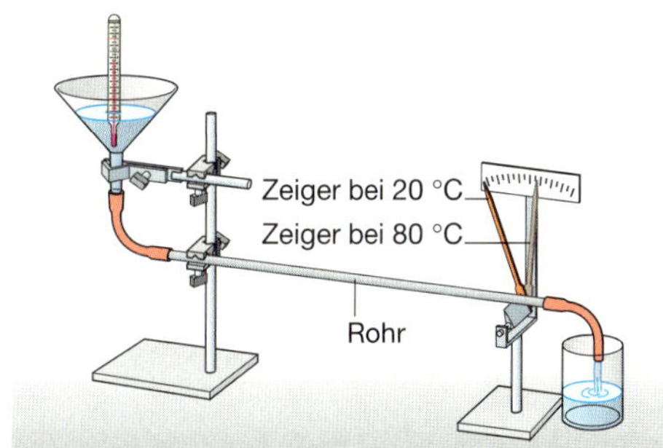

3 Ausdehnung bei einem anderen Material

V3 Beim nächsten Versuch wird ein Rohr aus einem anderen Stoff verwendet (Abb. ➤ 3). Dabei beobachten wir andere Zeigerausschläge als bei Versuch 1.

> Die Ausdehnung eines Körpers ist bei gleicher Temperaturänderung und gleicher Länge vom Stoff des Körpers abhängig.

Bei Untersuchungen der Abhängigkeit einer physikalischen Größe, die von mehreren Größen beeinflusst wird, ist es wichtig, beim Experiment eine Größe zu ändern und die anderen konstant zu halten.

Kräfte bei der Ausdehnung

Wir schreiben das Jahr 219 vor Christus. „Hannibal!" ruft ein Soldat, der dem Heer als Vorhut vorauseilte, „der Weg wird immer schmaler. Ein riesiger Fels versperrt den Weg. Unsere Wagen und Elefanten werden dort nicht vorbeikommen." Der Feldherr Hannibal gibt schnell ein paar Anweisungen.

Hunderte von Meilen hat er mit seinem Heer seit dem Aufbruch in Südspanien schon zurückgelegt. Wenn er erst die Alpen überquert hat, wird er die römischen Heere schon mit Hilfe seiner Kampfelefanten besiegen – wenn er sie nur heil über die Pässe bekommt. Erst gestern ist wieder ein Elefant auf dem schmalen Pfad ausgerutscht und in die Tiefe gestürzt.

„Wir sind soweit!", schreit jemand. Hannibal wird aus seinen Gedanken gerissen.
Er sieht, dass seine Männer um den Fels ein großes Feuer entfacht haben. Nachdem das Feuer erloschen ist, gießen sie Schmelzwasser über den Fels. Der Fels kann nun stückweise abgetragen werden. Bald wird das riesige Heer seinen mühevollen Weg über die Alpen fortsetzen können.

Das von Hannibals Soldaten benutzte ***Feuersetzen*** wurde bis vor einigen Jahrhunderten angewandt, um selbst hartes Felsgestein zu zertrümmern. Bei der Temperaturzunahme dehnen sich einige Teile des Felsens stärker aus als andere. Die dabei auftretenden Kräfte führen zu Rissen im Fels. Gleiches gilt beim Abkühlen.

In Abb. ➤1 siehst du ein Experiment, das die großen Kräfte beim Abkühlen zeigt. Das Mittelrohr wird erhitzt und verlängert sich deshalb ein wenig. Dadurch kann der Keil etwas weiter versenkt werden und das Mittelrohr wird stramm eingespannt. Beim anschließenden Abkühlen bricht der Eisenbolzen. (***Vorsicht vor umherfliegenden Teilen!***)

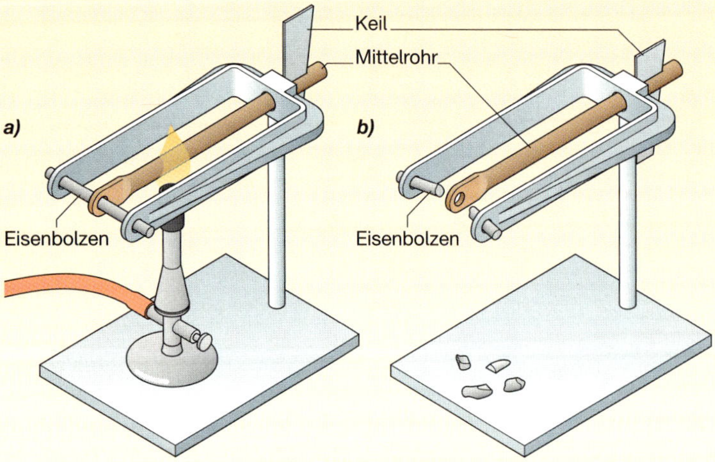

1 Beim Abkühlen zerbricht das Mittelrohr den Bolzen.

Werkstatt

Das Bimetall – eine krumme Sache?

So gehen Physiker vor:

Beobachten

↓

Vermutungen zur Erklärung aufstellen.

↓

Vermutungen durch Versuche überprüfen.

↓

Ergebnisse mit Vermutungen vergleichen.

↓

Beobachtung und Erklärung festhalten.

Iris zeigt Peter einen Trick. Sie nimmt einen schmalen Streifen „Silberpapier“ aus einer Kaugummipackung und hält ihn vorsichtig über eine Kerzenflamme. Sie sehen, wie er sich nach oben krümmt (Abb. ➤ 1). „Das ist einfach!“, meint Peter, „die warme Luft steigt von der Flamme hoch und drückt das Papier nach oben.“

Iris zweifelt noch. „Nach deiner Vermutung müsste sich das Silberpapier auch nach oben krümmen, wenn ich es umgekehrt über die Flamme halte.“ Um Peters Vermutung zu überprüfen, dreht sie das Silberpapier um und führt den Versuch noch einmal durch. Diesmal krümmt sich das Silberpapier nach unten. Es ist nun klar, dass seine Vermutung falsch war.

Nun wenden sie sich an ihren Physiklehrer. Der gibt ihnen einen ***Bimetallstreifen***. Ein solcher Streifen (Abb. ➤ 2) besteht aus zwei verschiedenen Metallen, die fest zusammengefügt sind. Als sie diesen Streifen über die Flamme halten, krümmt er sich – ähnlich wie vorher das Silberpapier. „Ich hab's!“ ruft Iris nach einigem Nachdenken. „Die beiden Metallstreifen dehnen sich bei Temperaturerhöhung unterschiedlich stark aus. Schau, diese Tabelle in unserem Physikbuch zeigt: Der Aluminiumstreifen dehnt sich mehr aus als der Eisenstreifen.“ „Und deswegen hat sich der Bimetallstreifen auch nach unten gekrümmt.“, ergänzt Peter. „Das ist wie auf dem Sportplatz: Die Außenbahn ist immer länger und so verhält es sich hier auch mit unserem Aluminiumstreifen.“

Iris und Peter wollen ihren Freund Tim über den Versuch mit dem Silberpapier informieren (Abb. ➤ 3). Dabei trennen sie sorgfältig ihre Beobachtung von den anschließenden Überlegungen.

Fragen

1 Wozu führen Iris und Peter nach ihrer ersten Entdeckung noch weitere Versuche durch?

2 Beim Bimetall in Abb. ➤ 2 wird das Eisen durch Zink ersetzt. Wie verhält sich dieses Bimetall beim Erwärmen?

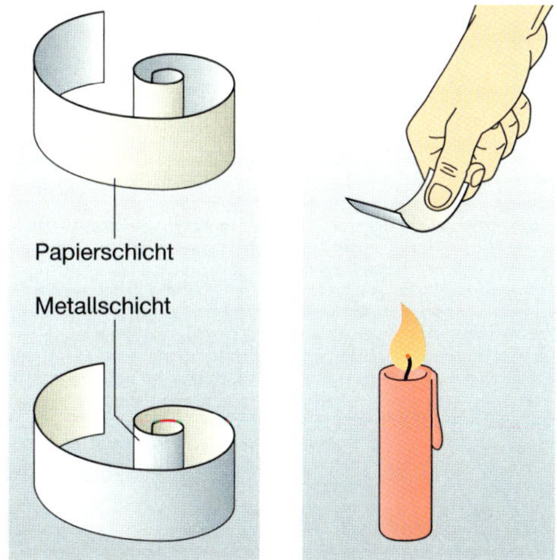

1 Versuch mit dem Silberpapier einer Kaugummiverpackung

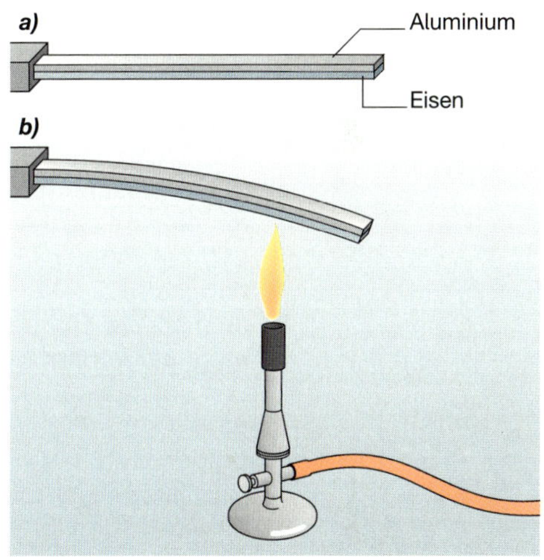

2 Ein Bimetallstreifen besteht aus zwei verschiedenen Metallen.

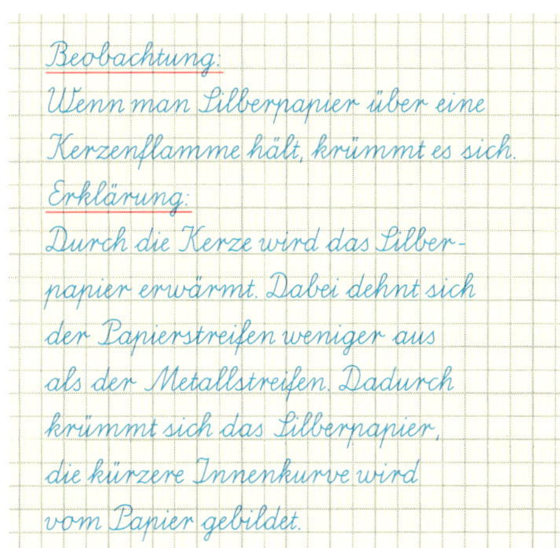

3 Eine Zusammenfassung

Flüssigkeiten und Gase dehnen sich aus

Katrin holt eine leere Flasche aus dem Kühlschrank und legt auf die Öffnung eine angefeuchtete Münze.
Zusammen mit Laura, Daniel und Udo umfasst sie die Flasche mit den Händen. Nach kurzer Zeit vernehmen die Kinder ein leises Klicken. „Der Geist des Kühlschranks ...", kichert Udo. „Schaut genau hin, die Münze wird bei jedem Klick an der Seite angehoben.", stellt Laura fest. Erst nach einiger Zeit hört das Klicken der Münze auf.
Natürlich glauben die Kinder nicht daran, dass hier ein Geist seine Hände im Spiel hat. Aber wer hebt da die Münze an?
Führe den Versuch selbst durch und beobachte! Das Experiment klappt noch besser, wenn die Flasche vorher in einem Gefrierschrank lag und weniger gut, wenn sie vorher in einem warmen Raum stand. Finde eine Erklärung dafür!

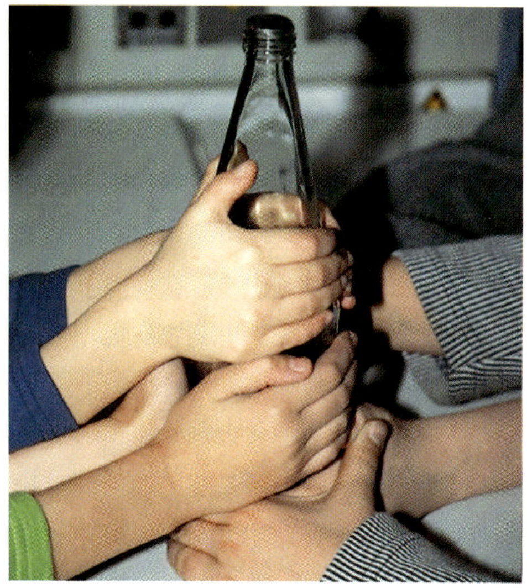

Grundwissen

Wir ändern die Temperatur von Flüssigkeiten und Gasen

Wasser und Luft ändern ihr Volumen, wenn man ihre Temperatur ändert. Dieselben Beobachtungen macht man auch bei anderen Flüssigkeiten (Alkohol, Öl, ...) und bei anderen Gasen (Wasserstoff, Propangas, ...).
Je mehr die Temperatur zunimmt, desto mehr vergrößern sie ihr Volumen. Bei Gasen beobachtet man die Ausdehnung sogar schon bei geringen Temperaturänderungen, z. B. bei einer Erwärmung mit den Händen, wie in Abb. ➤ 1.

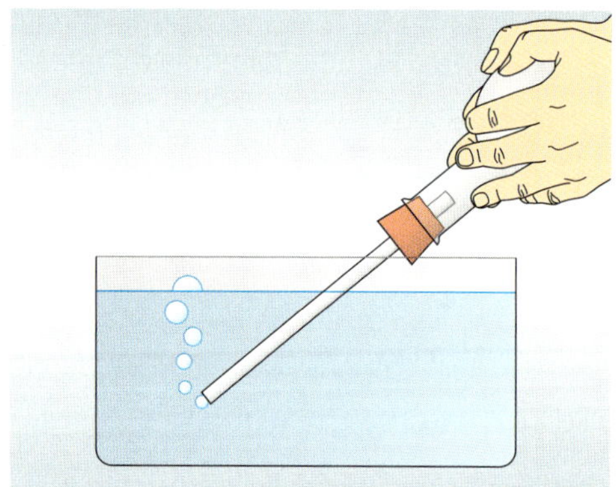

1 Versuch zur Ausdehnung von Luft

> Flüssigkeiten und Gase dehnen sich aus, wenn ihre Temperatur zunimmt. Nimmt die Temperatur ab, ziehen sie sich wieder zusammen.

V1 Um die Ausdehnung einer Flüssigkeit gut sichtbar zu machen, benutzt man oft Kolben mit schmalen ***Steigrohren***. Der Kolben dient als ***Vorratsbehälter*** für die Flüssigkeit (Abb. ➤ 2). Wird der Kolben erwärmt, so vergrößert sich das Volumen der Flüssigkeit darin und der ***Flüssigkeitsfaden*** im Steigrohr wird länger.

Wie hoch die Flüssigkeit in einem solchen Rohr steigt, hängt auch von seinem Durchmesser ab. Bei einem dickeren Steigrohr ist das zusätzliche Volumen zwar dasselbe wie bei dem dünneren, die Steighöhe ist aber geringer.

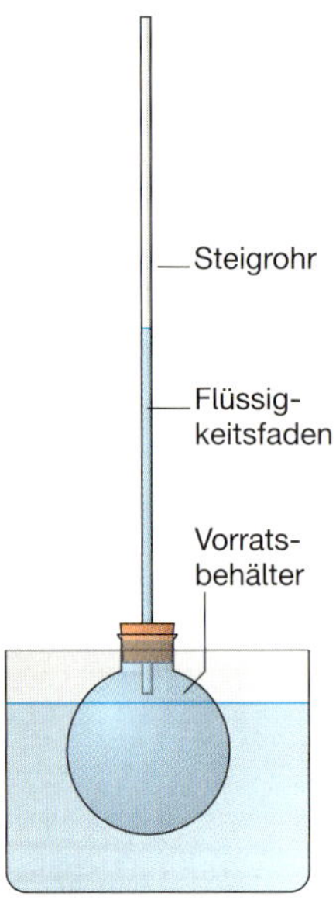

2 Messung der Ausdehnung einer Flüssigkeit bei Erwärmung

Fragen

1 Einen eingedrückten Tischtennisball kann man wieder ausbeulen, wenn man ihn mit heißem Wasser übergießt. Finde eine Erklärung!

2 Warum ist eine in der Sonne aufgepumpte Luftmatratze nachts ganz schlaff und warum darf man auch leere Spraydosen nicht in offenes Feuer werfen?

3 Begründe, warum bei gleicher Temperaturerhöhung der Flüssigkeitsfaden in schmalen Steigrohren höher ansteigt als in breiten.

Werkstatt

So gehen Physiker vor:

Vermutung aufstellen.

↓

Geeignete Versuchsbedingungen wählen.

↓

Versuche durchführen.

↓

Ergebnisse mit Vermutungen vergleichen.

↓

Gefundene Zusammenhänge festhalten.

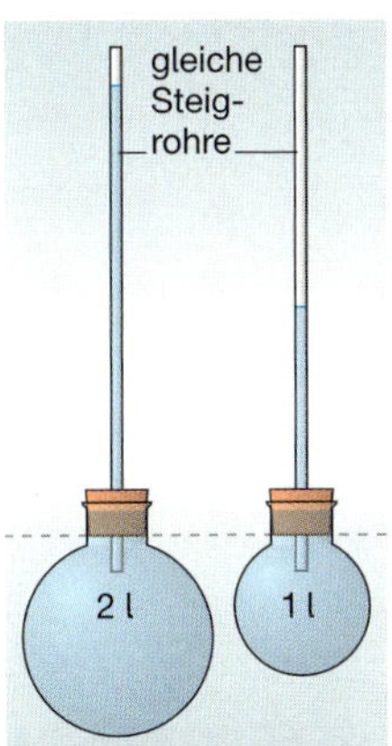

1 Steighöhe bei verschiedenen Vorratsbehältern

Unterschiedliche Ausdehnung

Bei der Erwärmung fester Körper hängt die Ausdehnung von der Temperaturänderung, der Art des Stoffes und den Abmessungen des Körpers, zum Beispiel von seiner Länge, ab. Gelten ähnliche Zusammenhänge auch bei Flüssigkeiten?

Um dies zu untersuchen, führen wir drei Experimente durch. Dabei verändern wir bei jedem Versuch immer nur eine Messgröße oder den Stoff. Dieses Vorgehen wird in der Physik oft angewandt, um das Wirken der einzelnen Einflussgrößen genau zu erkennen.

V1 Wir tauchen einen Kolben mit Steigrohr in Wasser unterschiedlicher Temperatur und beobachten die Höhe des Flüssigkeitsfadens. Ein Ansteigen des Flüssigkeitsfadens bedeutet eine Volumenvergrößerung. Bei lauwarmem Wasser ist der Flüssigkeitsfaden länger als bei kaltem Wasser; bei heißem Wasser ist der Flüssigkeitsfaden noch länger.

> Je stärker die Temperatur einer Flüssigkeit zunimmt, desto mehr vergrößert sich ihr Volumen.

V2 Nun erwärmen wir zwei Kolben mit unterschiedlichem Volumen und gleichem Steigrohr. Wir vergleichen den Flüssigkeitsanstieg: Bei einem Kolben mit doppelter Vorratsmenge ist der Anstieg der Flüssigkeit doppelt so groß (Abb. ➤ 1).

> Je größer das Volumen einer Flüssigkeit ist, desto größer ist bei einer Temperaturerhöhung oder Temperaturerniedrigung die Volumenänderung.

V3 Die Ausdehnung verschiedener Flüssigkeiten bestimmen wir, indem wir die Flüssigkeiten gleich hoch in Reagenzgläser mit Steigrohren füllen. Erwärmen wir alle Reagenzgläser gleichmäßig in einem warmen Wasserbad, so stellen wir fest, dass sich die Flüssigkeiten unterschiedlich stark ausdehnen (Abb. ➤ 2).

> Verschiedene Flüssigkeiten dehnen sich unterschiedlich stark aus.

Untersucht man in gleicher Weise die Ausdehnung verschiedener Gase

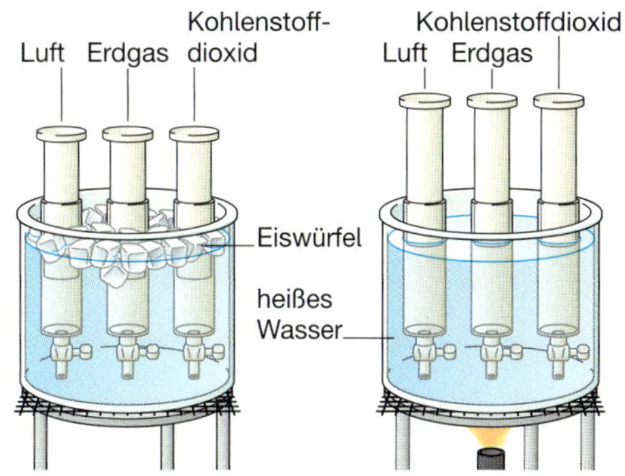

3 Alle Gase dehnen sich gleich stark aus.

(Abb. ➤ 3), dann findet man heraus, dass sich bei gleicher Temperaturerhöhung alle Gase gleich stark ausdehnen. Das ist ein wichtiger Unterschied zur Ausdehnung von Flüssigkeiten und von festen Stoffen. Die Ausdehnung der Gase bei Temperaturerhöhung ist wesentlich größer als bei festen Stoffen und bei Flüssigkeiten.

> Alle Gase dehnen sich bei gleicher Temperaturerhöhung gleich stark aus. Gase dehnen sich bei derselben Temperaturerhöhung wesentlich stärker aus als Flüssigkeiten und feste Stoffe.

Fragen

1 Wie hängt die Steighöhe bei einem Kolben mit Steigrohr von der Temperatur der Flüssigkeit, der Dicke des Steigrohres und der Größe des Vorratsbehälters ab? Formuliere mit „Je …, desto…“!

2 Begründe, warum es sinnvoll war, bei unseren Untersuchungen Temperaturänderung, Volumen und Stoff nacheinander zu verändern.

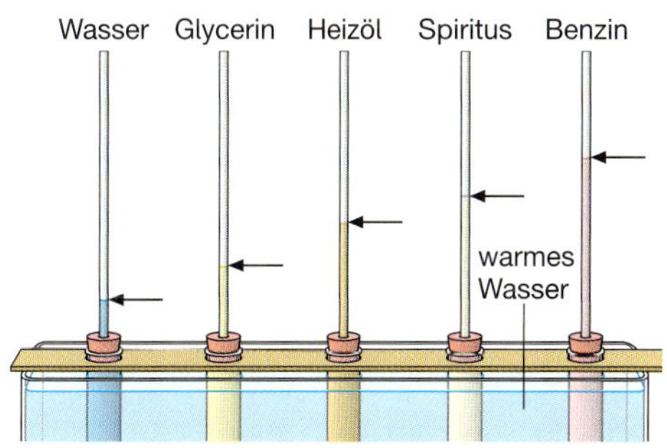

2 Verschiedene Flüssigkeiten dehnen sich unterschiedlich aus.

Regelwidriges Verhalten bei Wasser

Hast du dich schon einmal gefragt, wie Fische in einem zugefrorenen Teich überleben können?
Im Winter kühlt sich das Wasser an der Oberfläche eines Teichs ab und zieht sich zusammen. Dadurch passt in ein festes Volumen, z. B. einen Würfel, mehr Wasser hinein als vor der Abkühlung. Das Wasser in diesem Volumen wird deshalb schwerer und sinkt nach unten. Anderes, wärmeres Wasser steigt nach oben und nimmt seinen Platz ein. Langsam nimmt so die Temperatur des gesamten Wassers im Teich ab. Das geschieht so lange, bis der ganze Teich eine Temperatur von 4 °C erreicht hat. Von dieser Temperatur an sinkt das kühlere Oberflächenwasser nicht mehr ab: Dies liegt daran, dass sich das Verhalten von Wasser ab dieser Temperatur von dem Verhalten anderer Flüssigkeiten unterscheidet. Kühlt man Wasser unter 4 °C ab, so dehnt es sich wieder aus (Abb. ➤ 1). Dies nennt man Anomalie des Wassers (anomal = gegen die Regel).

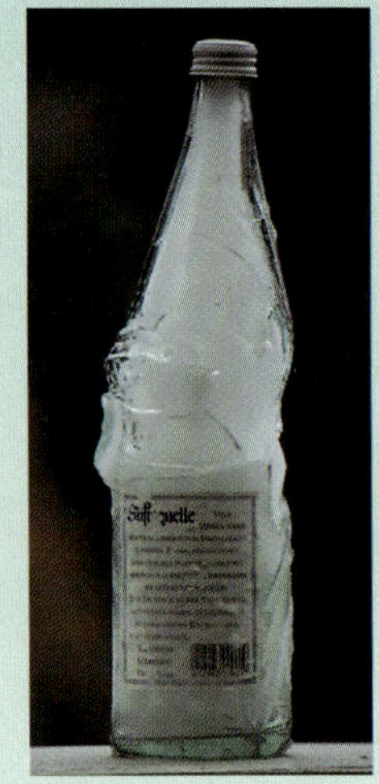

3

Kühlt sich also das Oberflächenwasser unter 4 °C ab, dehnt es sich wieder aus. Dadurch wird es leichter und sinkt nicht mehr nach unten. So kann der Teich an der Oberfläche gefrieren, während Fische auf seinem Grund genügend 4 °C warmes Wasser vorfinden, um zu überleben (Abb. ➤ 2).

Wasser hat außer der Anomalie (s. o.) noch einen weiteren Sonderfall zu bieten:
Genau bei 0 °C, wenn Wasser gefriert, dehnt es sich dabei extrem aus. Dies kann zu schweren Schäden führen: So können z. B. Rohre platzen, Straßen können aufbrechen, wenn das Wasser sich beim Gefrieren ausdehnt. Deswegen müssen Wasserleitungen, die auch im Winter betrieben werden sollen, tief in die Erde verlegt werden; hier sinkt die Temperatur fast nie unter 0 °C. Andere Leitungen werden vor Einbruch des Winters geleert. Aber auch im alltäglichen Leben kannst du davon betroffen werden. Vielleicht ist dir schon einmal eine Sprudelflasche im Eisfach geplatzt (Abb. ➤ 3).

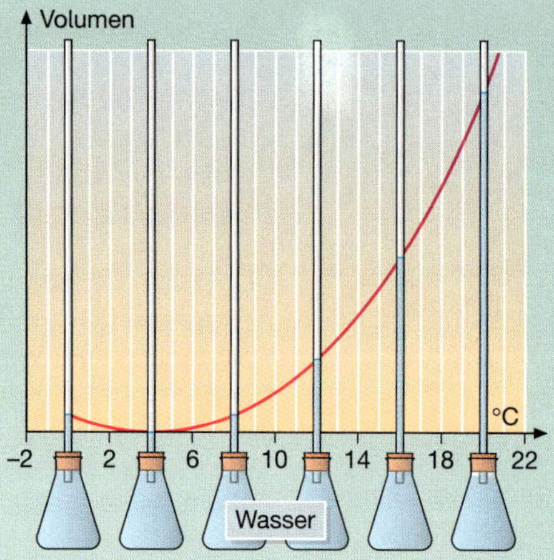

1 Anomalie des Wassers

2 Ein Teich im Sommer und im Winter

Wie funktioniert ein Thermostatventil?

1 Thermostatventil

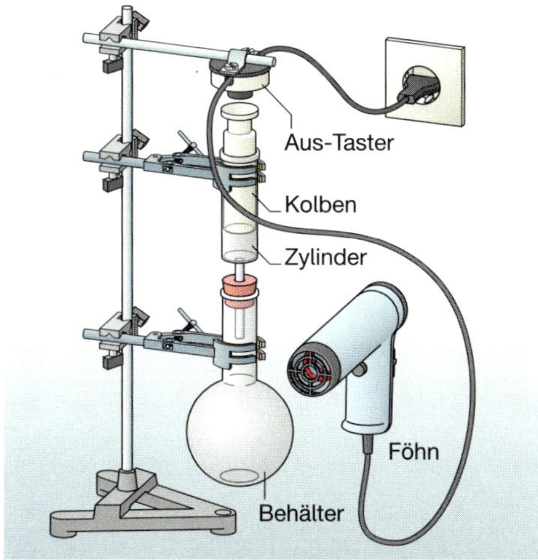

2 Modell eines Thermostaten

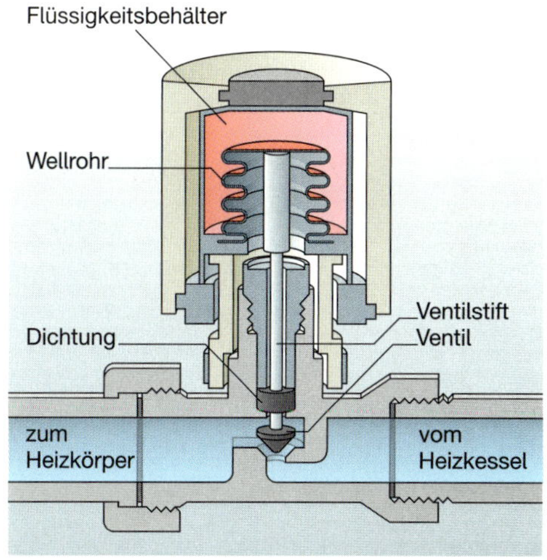

3 Schnitt durch ein Thermostatventil

Original
↓
Modell
↓
Erklärung am Modell
↓
Erklärung am Original

Viele Heizkörper besitzen sogenannte Thermostatventile (Abb. ➤ 1). Diese sorgen für eine gleich bleibende Raumtemperatur. Mit einem ***Modellversuch*** wollen wir ihre Funktionsweise erklären.
Das Modell in Abb. ➤ 2 besitzt einen besonderen Schalter. Solange der Knopf des Schalters gedrückt wird, ist der Föhn ausgeschaltet.

Beobachtung: Nach dem Einstecken des Steckers läuft der Föhn. Der Kolben steigt und stößt gegen den Aus-Taster. Der Föhn geht nun aus. Der Kolben sinkt und der Föhn geht wieder an. Dieser Vorgang wiederholt sich immer wieder.

Erklärung:

Der Föhn wird eingeschaltet.
↓
Die Luft im Behälter wird erwärmt.
↓
Die Luft im Behälter dehnt sich aus.
↓
Der Kolben wird nach oben geschoben.
↓
Der Kolben schaltet den Föhn aus.
↓
Die Luft im Behälter kühlt ab.
↓
Die Luft im Behälter zieht sich zusammen.
↓
Der Kolben sinkt nach unten.
(→ zurück zu: Der Föhn wird eingeschaltet.)

Legt man in den Behälter ein kleines Thermometer, so stellt man fest, dass die Temperatur zunächst ansteigt, dann aber nahezu gleich bleibt. Wie kommt es dazu?
Ist der Kolben erst einmal am Taster angelangt, muss der Kolben sich nur wenig bewegen, um den Föhn ein- und auszuschalten. Bereits kleine Temperaturänderungen reichen dazu aus. In dem Glasbehälter schwankt die Temperatur also nur noch geringfügig; sie ist nahezu gleich bleibend, d. h. konstant.
Eine solche Vorrichtung, die die Temperatur konstant hält, bezeichnet man als ***Thermostat***.

Funktionsweise des Thermostatventils

Wenn das Ventil (Abb. ➤ 3) geöffnet ist, dringt heißes Wasser vom Heizkessel zum Heizkörper. Dadurch steigt die Raumtemperatur und die Flüssigkeit im Behälter wird erwärmt. Sie dehnt sich aus und drückt das Wellrohr wie eine Ziehharmonika zusammen. Dabei wird der Ventilstift nach unten bewegt und schließt das Ventil.
Nun gelangt kein heißes Wasser mehr zum Heizkörper und die Raumtemperatur sinkt, bis das Ventil wieder geöffnet wird. Jetzt strömt erneut heißes Wasser zum Heizkörper und der gleiche Vorgang beginnt von vorn. Auf diese Weise wird die Raumtemperatur automatisch so geregelt, dass sie nahezu konstant bleibt.

Heiß oder kalt?

Felix und Silvia gehen ins Schwimmbad. Felix findet das Wasser scheußlich kalt, Silvia fühlt sich dagegen im Wasser wohl. Woran könnte das liegen?

Grundwissen

Thermometer

Der Mensch besitzt kein zuverlässiges Temperaturempfinden. So wird lauwarmes Wasser mal als warm, mal als kalt empfunden. Du kannst das selbst überprüfen!

V1 Halte zunächst eine Hand in ein Gefäß mit sehr warmem Wasser, die andere Hand gleichzeitig in sehr kaltes Wasser! Wenn du dann nach einigen Minuten beide Hände zugleich in ein Gefäß mit lauwarmem Wasser hältst, empfindest du das Wasser an beiden Händen als unterschiedlich warm!

Deshalb hat man zur Temperaturmessung Geräte erfunden. Man nennt sie ***Thermometer***. Viele Thermometer nutzen die Ausdehnung von festen Körpern, Flüssigkeiten oder Gasen aus.

Das ***Flüssigkeitsthermometer*** (Abb. ➤ 1) besteht aus drei Teilen: ***Vorratsbehälter*** ①, ***Steigrohr*** ② und ***Skala*** ③.
Man liest die Temperatur am oberen Flüssigkeitsspiegel ab. Das Thermometer in Abb. ➤ 1 zeigt, z. B. 64 °C (gesprochen: 64 Grad Celsius) an.

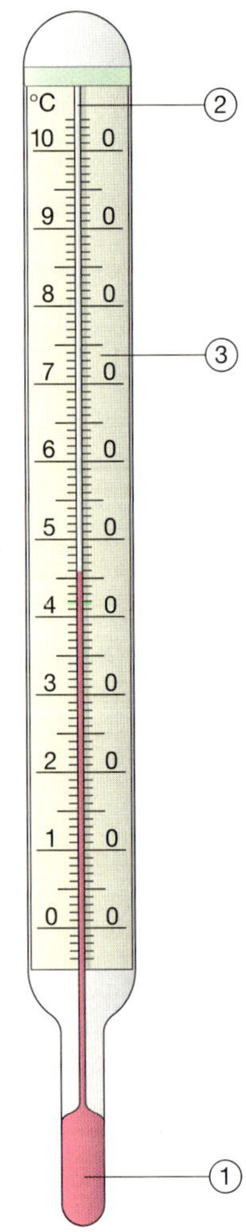

1 Experimentier-thermometer

Die Skala des Herrn Celsius

Unsere Temperaturmessung geht auf den Schweden ***Anders Celsius*** (1701 – 1744) zurück. Er überlegte zunächst, wo der Nullpunkt der Skala liegen soll:

V2 Hält man ein Thermometer in eine Mischung von Eis und Wasser, so sinkt der Flüssigkeitsspiegel im Thermometer. Er bleibt aber schließlich an einer Stelle stehen. An dieser Stelle bleibt er auch dann, wenn man noch einige Eisstücke hinzugibt oder wegnimmt. Celsius legte fest, dass an dieser Stelle der Wert Null steht.

Wie sollten die weiteren Striche auf der Skala festgelegt werden?

V3 Hält man das Thermometer in kochendes Wasser (***Vorsicht!***), so steigt der Flüssigkeitsspiegel im Thermometer, er bleibt aber wieder an einer Stelle stehen. Diese Stelle ändert sich auch dann nicht, wenn man noch stärker erhitzt. Diese Stelle erhält nach Celsius den Wert 100 zugeteilt.

Wenn man die Strecke gleichmäßig in 100 Teile teilt, erhält man die Werte der Celsiusskala. Man setzt die Skala über 100 °C und unter 0 °C fort. Temperaturen unter 0 °C werden mit einem Minuszeichen versehen, z. B. -10 °C.
Die Festlegung der Skala heißt ***Eichung***. Die Ausgangspunkte der Eichung (0 °C bzw. 100 °C) nennt man ***Fixpunkte***.

Fragen

1 Wie müssen Steigrohr und Vorratsbehälter eines Thermometers gebaut werden, damit man die Temperatur möglichst genau ablesen kann?

2 Warum benutzte Celsius gerade die Eis-Wasser-Temperatur und die Siedetemperatur von Wasser für seine Skala?

Werkstatt

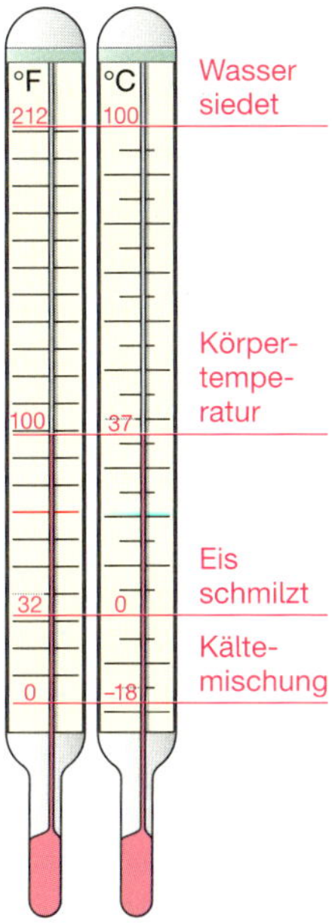

1 Celsius- und Fahrenheitskala

Verschiedene Temperaturskalen

Karin telefoniert mit ihrem Freund Tom in den USA. Tom sagt: „Bei uns ist es sehr warm – mehr als 80 Grad im Schatten!" „Das gibt es doch gar nicht!" entgegnet Karin. Oder doch?

In den USA wird oft eine andere Temperaturskala benutzt: die Fahrenheitskala. Sie stammt von ***Gabriel Fahrenheit*** (1686 – 1736). Zur Eichung seiner Thermometer benutzte er die Temperatur einer Kältemischung aus Eis, Wasser und Salmiaksalz (0 °F gesprochen: 0 Grad Fahrenheit) sowie seine Körpertemperatur (100 °F).
In Abb. ➤ 1 kannst du erkennen, welche Temperatur in °C die Angabe 80 °F bedeutet.
Es gibt noch weitere Temperaturskalen. Immer muss der Anfang, also ein „Nullpunkt" für die Skala festgelegt werden. Außerdem muss angegeben werden, wie man die „Schrittweite", also den Abstand der einzelnen Temperaturwerte erhält. Das wurde von Celsius und Fahrenheit durch die Festlegung eines zweiten festen Temperaturwertes erreicht.

Temperaturen genau messen

Ein Flüssigkeitsthermometer kann die Temperatur eines Körpers nur dann richtig anzeigen, wenn die Thermometerflüssigkeit dieselbe Temperatur hat wie der Körper. Dazu muss der Vorratsbehälter vollständig von diesem Körper umgeben sein. Außerdem muss man warten, bis sich die Höhe des Flüssigkeitsfadens nicht mehr ändert.

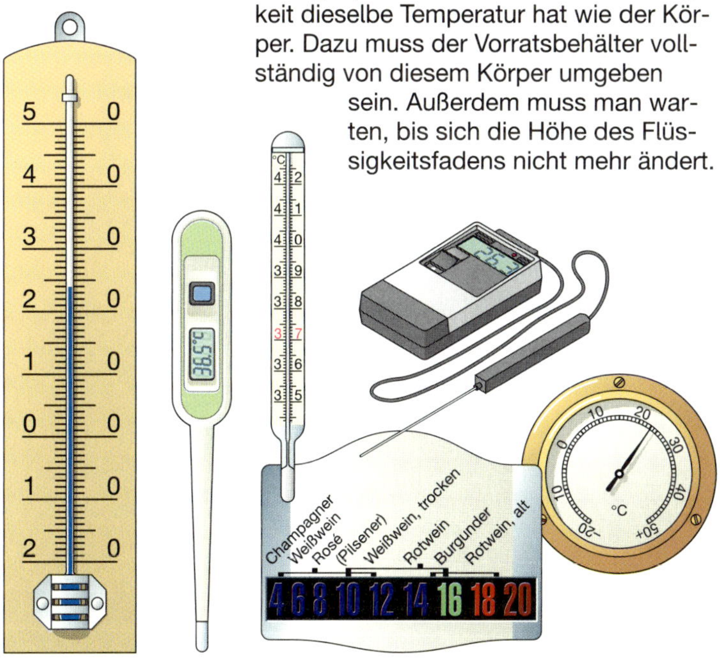

3 Verschiedene Thermometer

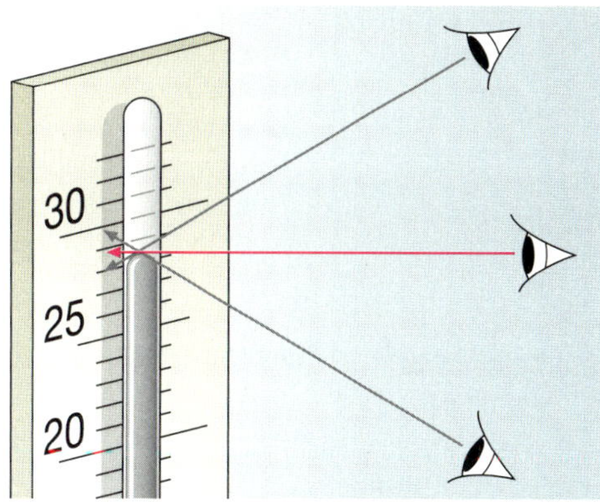

2 Richtiges und falsches Ablesen

Je nach Blickwinkel liest man unterschiedliche Werte für die Temperatur ab. Nur bei senkrechtem Blick auf die Skala erhält man einen richtigen Wert (Abb. ➤ 2). Um auch sehr kleine Temperaturunterschiede messen zu können, benutzt man Flüssigkeitsthermometer mit engem Steigrohr. Dann liegen die Teilstriche für Temperaturunterschiede von 1 °C weit auseinander und man fügt weitere Teilstriche ein. Je nach Teilung kann man dann Temperaturen auf $^1/_2$ °C oder sogar auf $^1/_{10}$ °C genau ablesen.

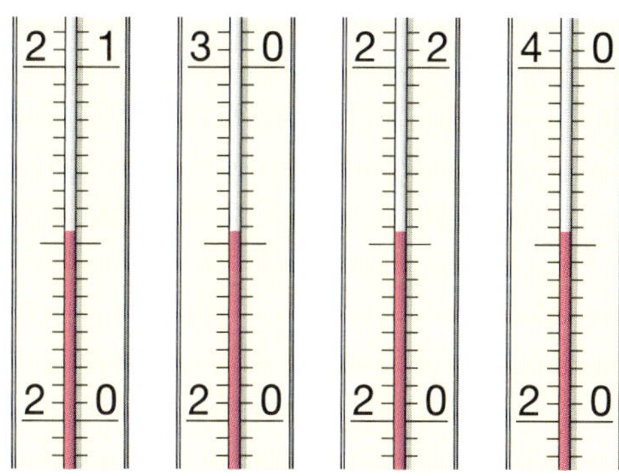

4 Verschiedene Unterteilungen

Fragen

1 Wodurch unterscheiden sich die in Abb. ➤ 3 dargestellten Thermometer? Wo werden diese Thermometer benutzt?

2 Bei den Skalen von Abb. ➤ 4 kann man unterschiedlich genau ablesen. Was bedeutet ein Teilstrich? Welche Temperatur wird angezeigt?

Werkstatt

Fragen stellen und Versuche planen.

Messwerte ermitteln.

Messwerte übersichtlich darstellen.

Auswertung und Zusammenfassung

Neue Aufträge

Temperaturkurven

Mit einem Stövchen (Abb. ➤ 1) versucht man den Tee in einer Kanne warm zu halten. Um genauer zu untersuchen, in welchem Maße das gelingt, muss die Temperatur in regelmäßigen Zeitabständen gemessen werden. Mit nur einer Messung könnte man sich kein genaues Bild machen.

Nachdem nun der Untersuchungsauftrag und die Vorgehensweise feststehen, wird der Versuch durchgeführt. Dazu wird in ein Becherglas 200 ml heißes Wasser hineingegeben und einmal die Abkühlung ohne Teelicht und einmal mit Teelicht untersucht. Alle 5 Minuten wird die Temperatur abgelesen. Die Messwerte werden in einer Tabelle (Abb. ➤ 2) festgehalten.

Die nacheinander gemessenen Thermometerstände kann man als Balken nebeneinander zeichnen (Abb. ➤ 3). Einfacher ist es, nur Punkte in ein Diagramm einzutragen. Verbindet man die Punkte durch eine Kurve, so kann man sogar Werte ablesen, die gar nicht gemessen wurden. Anhand solcher ***Temperaturkurven*** (Abb. ➤ 4) kann man das Versuchsergebnis am besten darstellen und auswerten.

Die Temperaturkurven zeigen, dass sich die Temperaturabnahme unter den gegebenen Bedingungen mit einem Teelicht sehr verlangsamen lässt. Nach 40 min. hat man noch annähernd die gleiche Temperatur wie ohne Teelicht nach 10 min. Ein Gleichhalten der Temperatur gelingt aber nicht.

Weitere Fragen und Aufträge ergeben sich fast immer direkt im Anschluss an eine Untersuchung. So kann man zum Beispiel fragen: Lässt sich die Anfangstemperatur mit zwei Teelichtern halten? Wie wirkt es sich aus, wenn man weniger oder mehr Teewasser nimmt?

Fragen

1 Suche weitere Fragen!

2 Plane Versuche, um Antworten auf deine Fragen zu erhalten.

1 Teekanne auf Stövchen

Zeit in min.	*ohne Teelicht Temperatur in °C*	*mit Teelicht Temperatur in °C*
0	70,0	70,0
5	61,0	67,5
10	55,5	66,0
15	51,0	64,0
20	47,5	63,0
25	44,5	62,0
30	42,0	61,5
35	40,0	60,0
40	38,0	59,5

2 Messtabelle

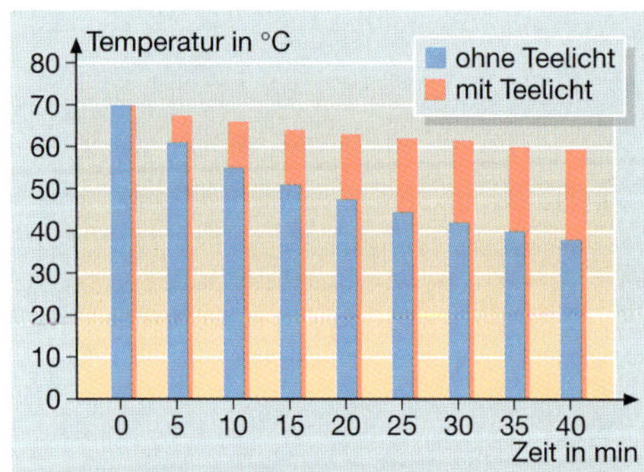

3 Thermometerstände im Vergleich

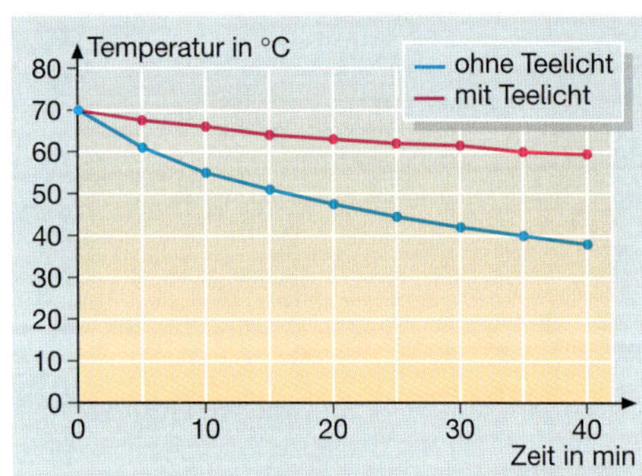

4 Temperaturkurven

Fieber zeigt Krankheiten an

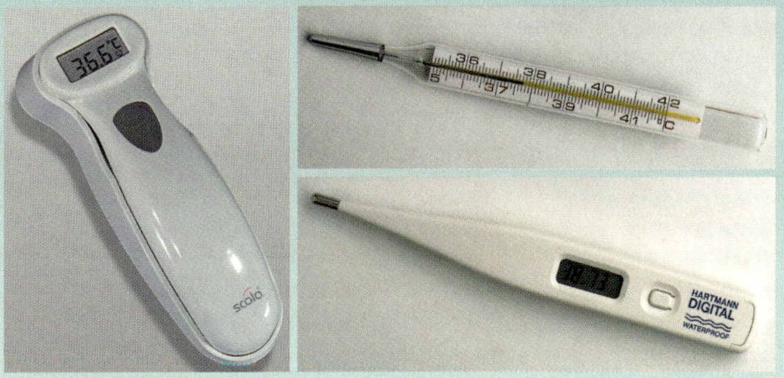

1 Verschiedene Fieberthermometer

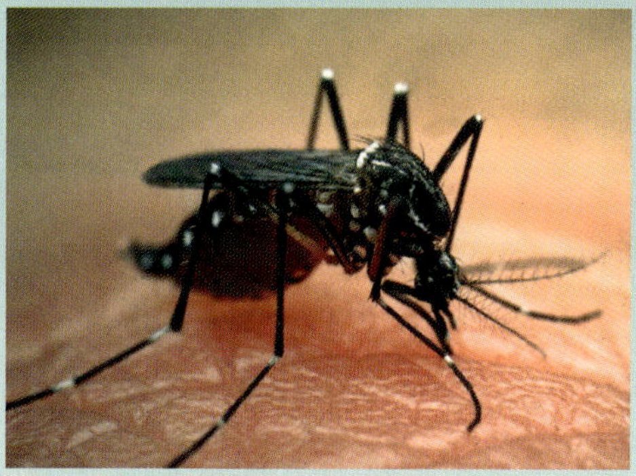

2 Anopheles-Mücke

Fiebermessung

Fieberthermometer sind spezielle Thermometer, um die Körpertemperatur des Menschen zu messen (Abb. ➤1). Die Körpertemperatur muss auf Zehntel Grad genau gemessen werden. Der Messbereich braucht allerdings nur von 36 °C bis 42 °C zu reichen.
Außer den mit Quecksilber gefüllten Flüssigkeitsthermometern, die heute kaum noch in Gebrauch sind, gibt es elektronische Thermometer mit Digitalanzeige. Sehr einfach ist die Messung der Körpertemperatur im Ohr mit einem speziellen Thermometer. Das gut durchblutete Trommelfell im Ohr gibt Wärmestrahlung ab, die vom Thermometer aufgenommen wird. Mit anderen Thermometern misst man unter der Achselhöhle oder im After.

Fieber – der Körper wehrt sich

Ab einer Körpertemperatur von 38 °C spricht man von Fieber. Viele Infektionskrankheiten gehen mit Fieber einher. Die bekannteste Infektionskrankheit ist die „Grippe“, die wohl jeder schon einmal gehabt hat. Der Mensch mobilisiert durch die höhere Körpertemperatur seine Abwehrkräfte. Die Abwehrzellen können schneller zu den in den Körper eingedrungenen Krankheitserregern gelangen und diese angreifen. Außerdem verlieren viele Krankheitserreger bei der höheren Temperatur ihre Fähigkeit sich schnell im Körper zu vermehren. Ist die Infektion vorbei, verschwindet auch das Fieber wieder. Der Fieberverlauf während der Erkrankung ist für die einzelnen Erkrankungen typisch, so z. B. bei der Malaria.

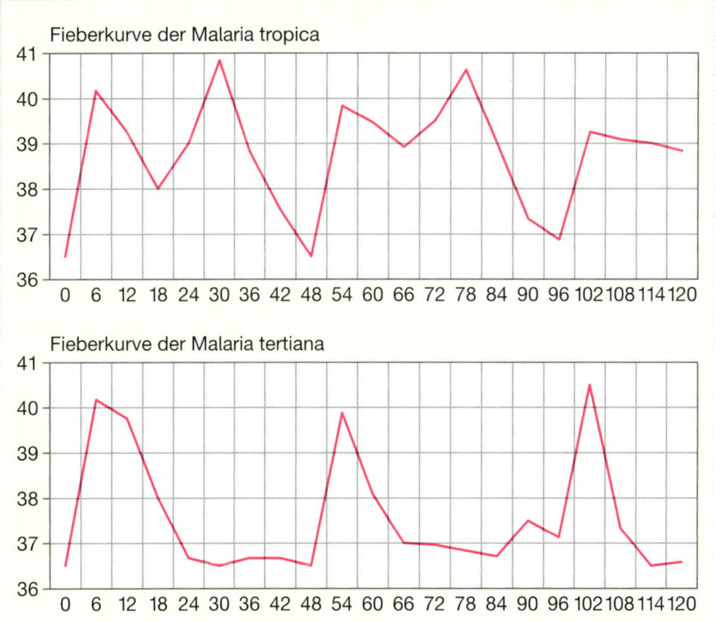

3 Fieberkurven der häufigsten Malariaarten. Die Körpertemperatur in °C ist gegen die Zeit in Stunden aufgetragen.

Malaria

Eine sehr gefährliche Infektionskrankheit, die in subtropischen und tropischen Ländern auftritt, ist die Malaria.
Weltweit gibt es jährlich 2 Millionen Tote durch Malaria. Allein in Afrika sterben jährlich 700 000 Kinder unter 4 Jahren an Malaria. Damit zählt die Malaria zu den häufigsten Todesursachen weltweit. Übertragen wird die Krankheit durch Stechmückenweibchen der Gattung Anopheles (Abb. ➤2), eine Moskitoart, die in tropischen Ländern vorkommt.
Die gefährlichste Art der Malaria ist die Malaria tropica, bei der die Fieberkurve unregelmäßig verläuft, während bei den anderen Arten regelmäßige Fieberschübe auftreten (Abb. ➤3). Ein Problem bei der Bekämpfung der Malaria ist die zunehmende Widerstandsfähigkeit der Erreger gegen bisher erfolgreiche Medikamente. Bevor man in ein tropisches Land reist, sollte man sich über das Malariarisiko und über geeignete Vorsorge informieren. Das prominenteste Opfer der Weltgeschichte ist Alexander der Große. Er starb im Jahre 323 v. Chr. in Babylon an der Malaria – gerade einmal 33 Jahre alt.

Rückblick

Auf den vorhergehenden Seiten hast du einige Versuche, neue Begriffe, Beobachtungen und Erklärungen kennen gelernt. Wenn du die folgenden Aufgaben bearbeitest, erstellst du dir selbst eine Zusammenfassung des Kapitels und kannst überprüfen, ob du das Wichtigste verstanden hast. Bist du an einer Stelle unsicher, dann sieh auf der angegebenen Seite noch einmal nach.

Gegenstände und Begriffe

1 Beschreibe den Aufbau eines
a Bimetallstreifens. (→ S. 11)
b Flüssigkeitsthermometers. (→ S. 16)
c Thermostatventils. (→ S. 15)

2 Was versteht man unter
a den Fixpunkten der Celsius-Skala und unter einem Grad Celsius (1 °C)? (→ S. 16)
b der Anomalie des Wassers? (→ S. 14)
c einer Temperaturkurve? (→ S. 18/19)

Beobachtungen

3 Was beobachtet man, wenn
a ein fester Körper erwärmt oder abgekühlt wird? (→ S. 8/9)
b gleich lange Stäbe aus unterschiedlichen Metallen gleich erwärmt werden? (→ S. 9)
c eine mit heißem Saft randvoll verschlossene Flasche abgekühlt wird? (→ S. 14)
d ein Bimetallstreifen über eine Flamme gehalten und dann gedreht wird? (→ S. 11)
e man im Schwimmbad von der warmen Dusche ins Schwimmbecken steigt? (→ S. 16)

Erklärungen und Erläuterungen

4 Erkläre bzw. erläutere,
a wie sich ein Bimetallstreifen beim Erwärmen krümmt. (→ S. 11)
b warum ein randvoll mit Wasser gefüllter Boiler beim Erhitzen tropft. (→ S. 12/13)
c warum sich unser Temperatursinn nicht zur Messung von Temperaturen eignet. (→ S. 16)
d weshalb man beim Ablesen eines Flüssigkeitsthermometers warten muss und nicht schräg von oben oder unten auf die Skala blicken soll. (→ S. 17)

Zusammenhänge

5 Formuliere mit eigenen Worten einige Aussagen über die Ausdehnung von Stoffen beim Erhitzen. Beispiele:
a Wenn man die Ausdehnung von festen Körpern behindert, treten große Kräfte auf. (→ S. 10)
b Je länger ein Metallstab ist, desto größer ist seine Verlängerung. (→ S. 9)
c Unterschiedliche Flüssigkeiten dehnen sich unterschiedlich aus. (→ S. 13)

Erläutere die in den nebenstehenden Bildern wiedergegebenen Erscheinungen und beantworte die Fragen!

1 Was geschieht mit dem Ballon, wenn die Lampe eingeschaltet ist?

2 Weshalb ist die Farbe am Brückengeländer abgekratzt?

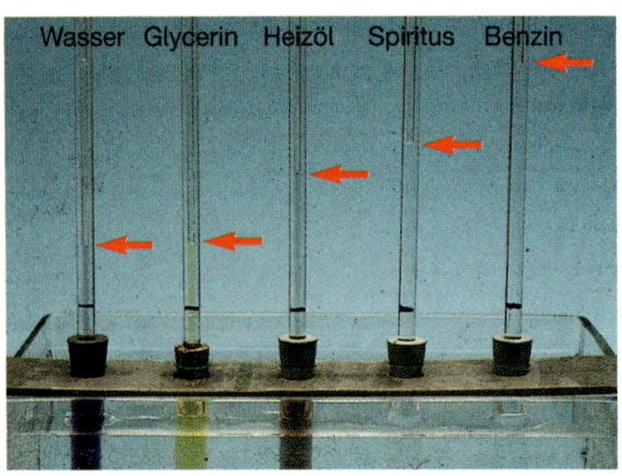

3 Welches Phänomen zeigt der Versuch?

4 Wodurch entstehen die Geröllhalden?

Beispiel

1

1 Physik beim Spülen

Nimm ein Glas aus dem heißen Spülwasser und stelle es umgekehrt auf eine glatte Fläche. Beobachte die Schaumbläschen am Rande des Glases (Abb. ➤ 1). Beschreibe deine Beobachtung und gib eine Erklärung.

Lösung:
Beobachtung: Am Glasrand bilden sich kleine Bläschen; sie werden größer und platzen schließlich. Für kurze Zeit sieht man keine Bläschen; etwas später sieht man sie wieder – diesmal aber an der Innenseite des Glasrandes.

Erklärung: Die Luft im Glas wird von den heißen Glaswänden erwärmt und dehnt sich aus. Am Rand entweicht die Luft und bildet dort Bläschen. Wenn die Glaswand abkühlt, sinkt auch die Temperatur der Luft im Glas. Diese zieht sich zusammen; Luft strömt von außen nach innen und bildet wieder Bläschen.

Heimversuche

2

1 Ein 2-Euro-Stück wird größer

Schlage zwei Nägel so in ein Brett, dass ein 2-Euro-Stück gerade noch zwischen den Nägeln hindurchpasst (Abb. ➤ 2).
Erhitze nun das Geldstück mit einer Kerzenflamme. Halte es dabei vorsichtig mit einer hölzernen Wäscheklammer. Prüfe, ob das Geldstück noch zwischen den Nägeln hindurchpasst. Lass das Geldstück wieder abkühlen und prüfe erneut.

2 Ein doppelter Flaschentrick

Für diesen Versuch benötigst du eine kalte, leere Flasche mit schlankem Hals. Halte sie umgedreht mit der Öffnung in Wasser und erwärme sie dabei mit den Händen.
Was beobachtest du nach einer Weile?
Lass die Flasche nun wieder abkühlen, ohne sie aus dem Wasser zu nehmen. Betrachte dabei den Wasserspiegel im Flaschenhals.

3 Ein Luftballon wird größer

Lege einen aufgeblasenen Luftballon in den Gefrierschrank. Hole ihn nach einiger Zeit heraus und halte ihn mit beiden Händen. Du spürst dann, wie er zwischen deinen Händen größer wird.

4 Der Trick beim Eierkochen

Eier werden oft vor dem Kochen am stumpfen Ende mit einer feinen Nadel gestochen. Solche Eier platzen fast nie. Beobachte ein gestochenes Ei beim Kochen.

5 Temperaturen im Haushalt

Miss Temperaturen im Haushalt (z. B. bei kaltem und heißem Leitungswasser, bei schmelzenden Eiswürfeln, im Gefrierschrank, im Kühlschrank). Notiere auch den Messbereich der benutzten Thermometer.

Fragen

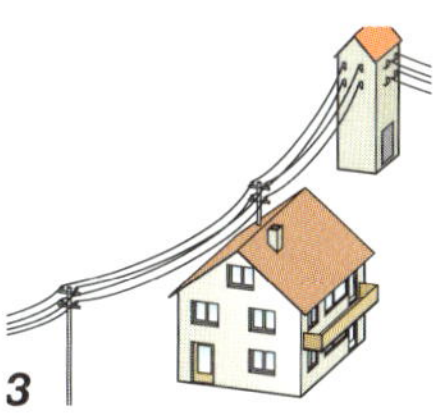

3

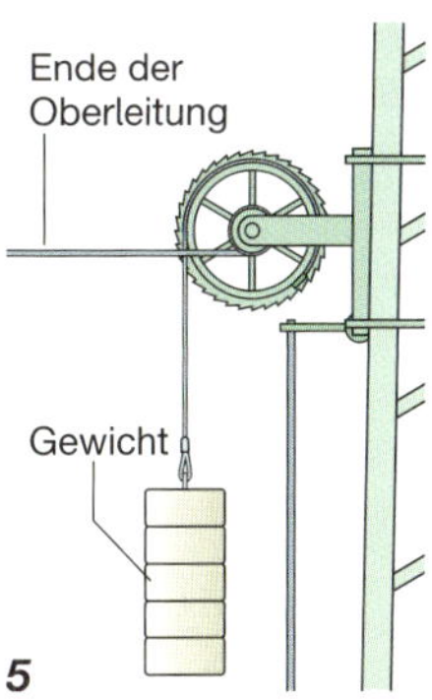

5

Zur Ausdehnung von festen Körpern

1 Wie verhalten sich feste Körper, wenn ihre Temperatur abnimmt? Formuliere auch mit „Je ... , desto ... “!

2 Warum hängen die Fernleitungen im Sommer und Winter unterschiedlich stark durch? Beschreibe das Verhalten der Fernleitungen auch mit „Je ... , desto ... “!
Bei dem kurzen Kabel in Abb. ➤ 3 stellt man keine Veränderung fest. Erkläre dies!

3 Durch die Rohre (Abb. ➤ 4) fließen auch heiße Flüssigkeiten. Wozu dienen die Rohrschleifen?

4 Übertrage den Text in dein Heft und fülle dabei die Lücken passend aus: Oberleitungen für Elektrolokomotiven werden durch Gewichte straff gespannt (Abb. ➤ 5).
Beobachtung: Die Gewichte hängen im ... tiefer als im .... .
Erklärung: Im Sommer ist es ... als im .... .
Die Oberleitung ist deswegen im Sommer .... .
Daher hängen die Gewichte im Sommer .... .

4 Rohrschleifen

Fragen

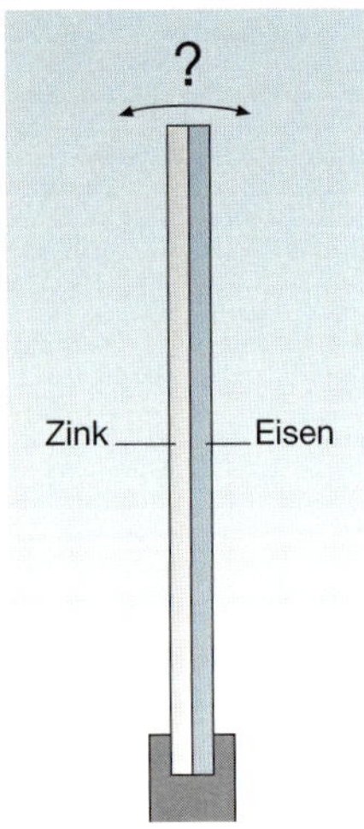

2 Bimetall

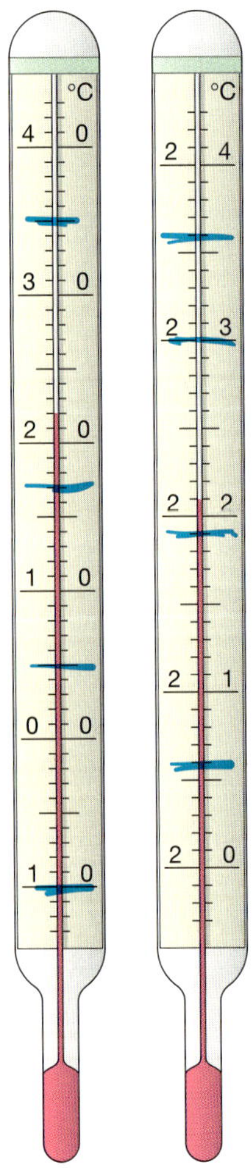

3 Thermometer

5 Beobachte Straßendecken aus Beton. Warum sind sie nicht ohne Fugen verlegt? Suche bei Außen- und Innenwänden von Häusern nach ähnlichen Fugen!

6 Beton und Eisen – beide dehnen sich bei Temperaturzunahme aus. Warum gibt es keine Risse (Abb. ➤ 1)?

7 Den fest sitzenden Schraubverschluss einer Flasche kann man lösen, indem man ihn unter heißes Wasser hält. Erkläre dies!

8 Eine Eisenbahnbrücke aus Eisen ist 100 m lang. Im Winter werden Temperaturen bis zu -20 °C gemessen, im Sommer bis zu +40 °C. Wie groß ist der Längenunterschied?

9 In welche Richtung biegt sich das Bimetall aus Abb. ➤ 2 bei Temperaturabnahme?

10 Warum benutzt man bei frostgefährdeten Wasserleitungen lieber Rohre aus Kunststoff als aus Eisen?

11 Wenn man sehr heißes Wasser in ein Glas schüttet, kann es zerspringen. Fülle zur Erklärung den folgenden Lückentext aus: „Dort, wo das heiße Wasser an das Glas kommt, … aus. An den anderen Stellen … . Das führt zu Spannungen im Glas; deswegen … ."

Zur Ausdehnung von Flüssigkeiten und Gasen

12 Weshalb soll man den Benzintank eines Autos nicht randvoll füllen?
Ergänze passend: „Beim Tanken kommt das Benzin gewöhnlich aus … unterirdischen Tanks. Im Tank des Autos wird die Temperatur des Benzins … . Dadurch … es sich … . Wenn man den Tank randvoll … , läuft … ."

13 Beobachte den Stand der Kühlflüssigkeit vor und nach einer Autofahrt.

14 Warum soll man den Luftdruck beim Autoreifen nur im kalten Zustand prüfen?

15 Wasser verhält sich beim Erwärmen anders als andere Stoffe. Beschreibe!

Zum Thermometer

16 Lies bei den Markierungen (Abb. ➤ 3) die Temperaturwerte ab. Beachte dabei, dass die Skalen verschieden unterteilt sind.

17 Von den drei Thermometern in Abb. ➤ 4 sind die Skalen abgefallen. Wozu gehört welche Skala?

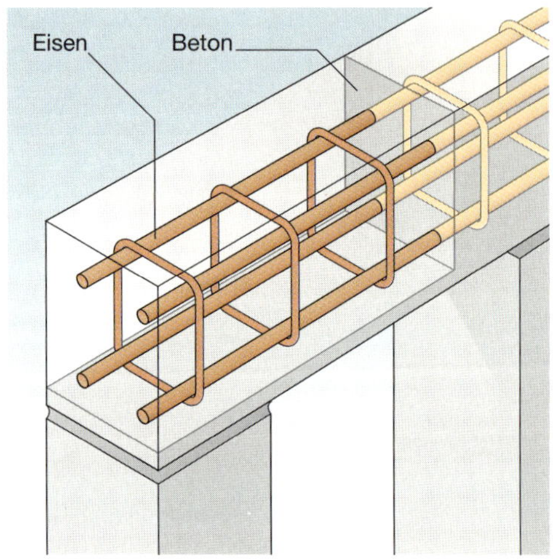

1 Der Beton wird durch Eisenstangen verstärkt.

18 Warum ist bei Fieberthermometern 37 °C besonders gekennzeichnet? Erkundige dich, ab welcher Körpertemperatur Lebensgefahr besteht.

Weitere Fragen

19 Was ist bei gleichen Abmessungen empfindlicher, ein mit Alkohol oder ein mit Quecksilber gefülltes Thermometer?

20 Warum lässt sich mit Wasser kein Thermometer für den Messbereich -10 °C bis 60 °C bauen?

21 Auch das Glasgefäß beim Thermometer dehnt sich bei Temperaturerhöhung aus. Dehnt es sich stärker aus als die Flüssigkeit? Begründe deine Antwort!

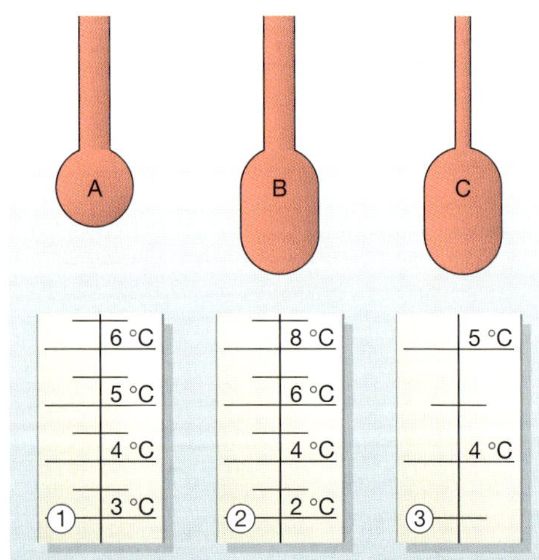

4 Zu Frage 17

Fragen

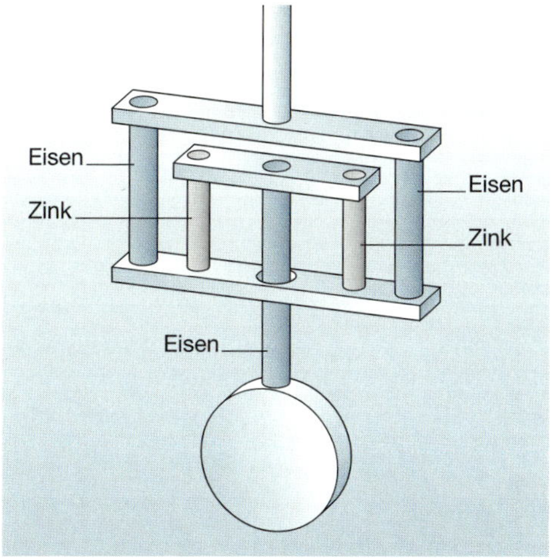

1 Pendel von J. Harrison (von 1725)

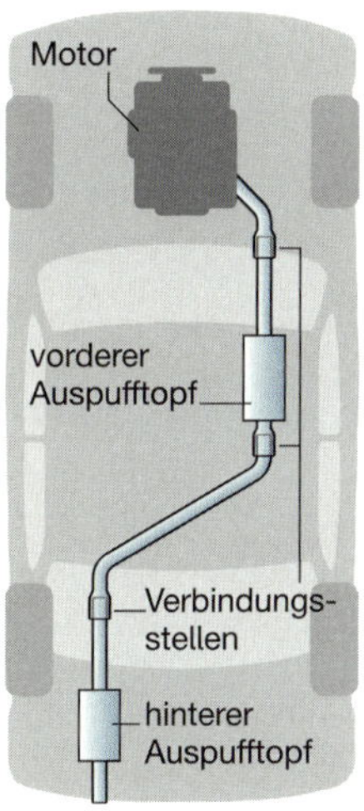

2

22 Pendeluhren

a) Binde einen Schlüssel an einen Faden. Lass ihn bei unterschiedlichen Fadenlängen pendeln. Wann schwingt das Pendel schneller? Formuliere das Ergebnis mit Hilfe von „Je …, desto … “.

b) Geht eine Pendeluhr in einem warmen Raum langsamer oder schneller als in einem kalten?

c) Wie funktioniert das Pendel des englischen Uhrmachers John Harrison (Abb. ➤ 1)?

23 Stefanie schaut zu, wie ihr Vater versucht, bei seinem Auto den defekten Auspuff abzumontieren. „Jetzt habe ich schon alle Halterungen entfernt, aber die Rohre sitzen so stramm ineinander, dass sie sich nicht trennen lassen“, sagt er. „Ich kenne mich zwar nicht mit Autos aus“, meint Stefanie, „aber ich habe da eine Idee“. Und tatsächlich, nach kurzer Zeit hat ihr Vater die Rohre ohne große Anstrengung auseinandergezogen. Welche Idee hatte Stefanie gehabt?

24 Gisela hat eine Thermoskanne frisch gefüllt und nicht fest genug verschlossen. Für einige Minuten nimmt sie ein leises Zischen wahr. Schließlich schweigt die Thermoskanne für längere Zeit. Plötzlich aber meldet sie sich wieder mit einem noch leiseren Zischen. Erkläre, wie es zum ersten und zweiten Zischen kommt.

25 Da staunte der kleine Achilles nicht schlecht. Als das Feuer einige Zeit in der Opferschale gebrannt hatte, sah er, wie sich Wein aus den Bechern der Figur auf die Schale ergoss und das Feuer löschte. „Die Götter haben das Opfer angenommen!“ verkündete ein Priester.
Der Altar (Abb. ➤ 3) ist von dem griechischen Baumeister Philon vor über 2000 Jahren errichtet worden. Erkläre, wie er ohne die Hilfe der Götter funktioniert.

26 Gasthermometer: Die gefärbte Flüssigkeit im U-Rohr (Abb. ➤ 4) zeigt an, wie stark das Gas sich ausdehnt.

a) Überlege, wie man mit dem abgebildeten Versuchsaufbau die Skala für das Gasthermometer erstellt.

b) Wo sollte man eine Markierung für 10 °C anbringen?

c) Wie wird die Skala bei einem engeren Rohr aussehen?

d) Kann man auch ohne ein bereits geeichtes Thermometer eine Skala für das Gasthermometer erstellen?

27 Suche bei einem alten Straßenbelag nach Rissen im Teer. Wieso werden sie durch Frost breiter?

3 Altar des Philon

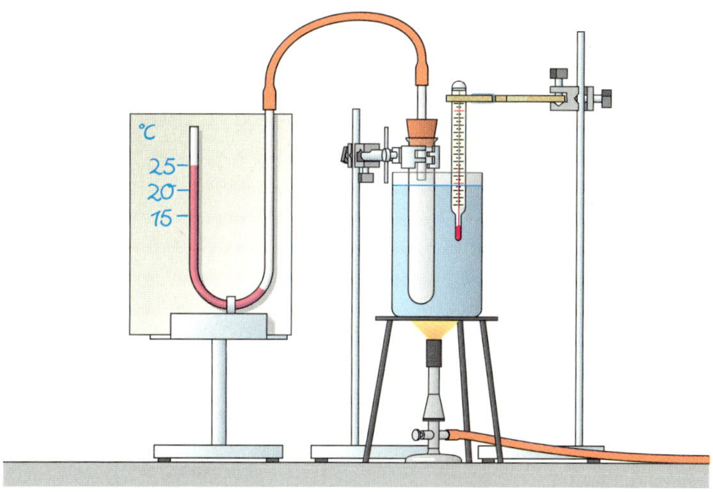

4 Eichung eines Gasthermometers

Das Foto zeigt ein Solarkraftwerk. Es dient dazu, die Umwandlungskette **Sonnenstrahlung ⇒ Wasserdampf ⇒ elektrischer Strom** zu verwirklichen.

Wie gelangt die Sonnenstrahlung zu der Flüssigkeit, die erhitzt wird?

Wie kann die Erwärmung bei unterschiedlichen Stellungen der Sonne am Himmel erfolgen?

Warum hat man bei uns nicht schon viele solcher Kraftwerke gebaut?

Energie unterwegs

Alle Gegenstände, die du auf dieser Seite siehst, können dazu benutzt werden, um die Temperatur eines Gegenstandes zu erhöhen. Nach ihrer Rolle dabei kann man sie in Lieferanten, Überträger und Geräte zur Erwärmung einteilen.

Lege eine Tabelle an und ordne alle abgebildeten Gegenstände einer der genannten drei Gruppen zu! Gehört ein Gegenstand in zwei Gruppen?

Versuche zueinander passende Gegenstände aus den drei Gruppen aneinander zu reihen:
***Lieferant** (z. B. Sonne) ⇒ **Überträger** (z. B. Hohlspiegel) ⇒ **Gerät zur Erwärmung** (z. B. Topf mit Wasser).*

Wir erhitzen Wasser

Vier Familien wollen einige Tage auf einem Campingplatz verbringen. Um Wasser zu erhitzen, benutzt Familie Bloch einen Gaskocher, Familie Müller einen kleinen Tauchsieder für die Autobatterie, Familie Schmitz hängt ihren Wasserkessel über ein Lagerfeuer und Familie Sommer hat einen Solarkocher, bei dem das Sonnenlicht mit einem Hohlspiegel auf dem Wassergefäß gebündelt wird.
Nach einigen Tagen haben alle vier Familien Probleme mit ihrer Heißwasserbereitung. Welche wohl?

Grundwissen

Energie

Um Wasser zu erhitzen, können verschiedene Gegenstände benutzt werden: Kerze, Gasbrenner mit Gasflasche, Autotauchsieder mit Batterie, heißer Stein, Lupe und Sonne …

Während die Temperatur des Wassers in jedem Fall ansteigt, verändern sich die Gegenstände in unterschiedlicher Weise: Kerze und Gas verbrennen zu unsichtbaren Gasen; der heiße Stein kühlt ab, wenn er im Wasser liegt; die Batterie wird entladen. Sie alle können jetzt nicht mehr zum Erhitzen von Wasser benutzt werden. Selbst die Sonne verändert sich im Laufe von Milliarden Jahren und wird irgendwann auch nicht mehr Wasser erhitzen können.

Weil keiner dieser Gegenstände beliebig lange benutzt werden kann, um Wasser zu erhitzen, nehmen wir an: Alle diese Gegenstände geben etwas ab, von dem sie selbst nicht beliebig viel besitzen. Was sie abgeben, bewirkt immer dasselbe: die Temperaturerhöhung des Wassers. Wir nennen es ***Energie*** (Abb. ➤ 1).

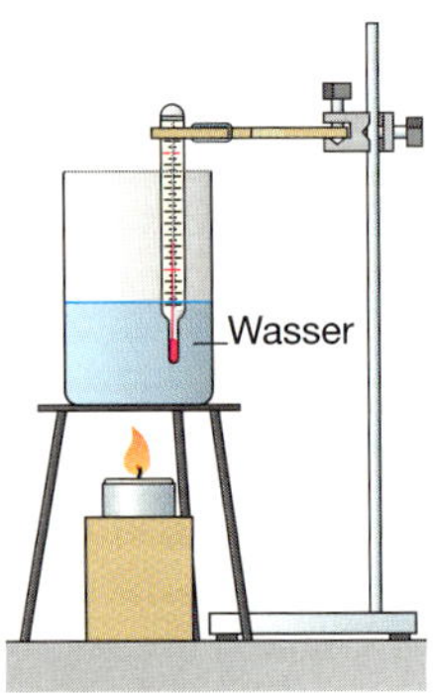

1 Nachweis von Energie: Wenn ein Gegenstand die Temperatur von Wasser erhöhen kann, dann besitzt er Energie.

Das, was alle Gegenstände abgeben, wenn sie Wasser erwärmen, nennt man Energie.

Während das Wasser erwärmt wird, nimmt es selbst Energie auf. Die Energiequelle (Batterie, Gasflasche oder heißer Stein) gibt Energie ab. Diese Vorgänge lassen sich übersichtlich in einer ***Energietransportkette*** darstellen. Abb. ➤ 2 zeigt, wie Energie von einem Akku auf das Wasser übergeht.

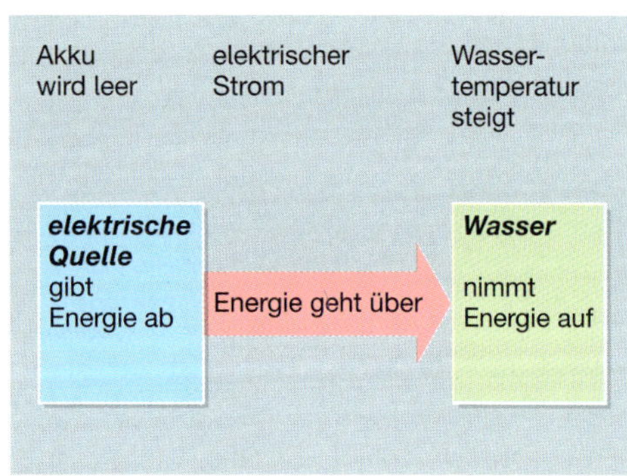

2 Energie geht vom Akku auf das Wasser über.

Das erwärmte Wasser kann ebenso wie jeder andere erwärmte Körper selbst wieder Energie abgeben. Damit lässt sich dann kaltes Wasser oder ein anderer kalter Körper erwärmen. Abb. ➤ 1 zeigt die Energietransportkette für das Aufgießen von Tee: Das Wasser gibt Energie ab, dadurch wird es etwas abgekühlt; die Teekanne nimmt Energie auf und wird dadurch erwärmt.

Soll kaltes Wasser durch Energie des warmen Wassers erwärmt werden, so gibt es mehrere Möglichkeiten: Man kann das kalte Wasser in einem dünnen Metallbecher in das warme Wasser stellen; man kann das kalte Wasser auch direkt in das warme Wasser hineingießen; man kann auch einen Stein in das warme Wasser halten und dann mit ihm das kalte Wasser erwärmen.

Wie viel Energie wird übertragen?

Energiebeträge werden in der Einheit ***Joule*** (abgekürzt: J) oder Kilojoule (1 kJ = 1000 J) angegeben. Für 1 kJ gilt:

Die Energie 1 kJ wird benötigt, um $^1/_4$ l Wasser etwa um 1 °C zu erwärmen.

Um die Temperatur von 1 l Wasser um 1 °C zu erhöhen, sind dann etwa 4 kJ erforderlich; für eine Temperaturerhöhung von 5 °C benötigt man bei 1 l Wasser also etwa 20 kJ an Energie.
Oft erhält man die benötigte Energie durch das Verbrennen von Stoffen. Dabei können gleiche Brennstoffmengen unterschiedlich viel Energie abgeben.

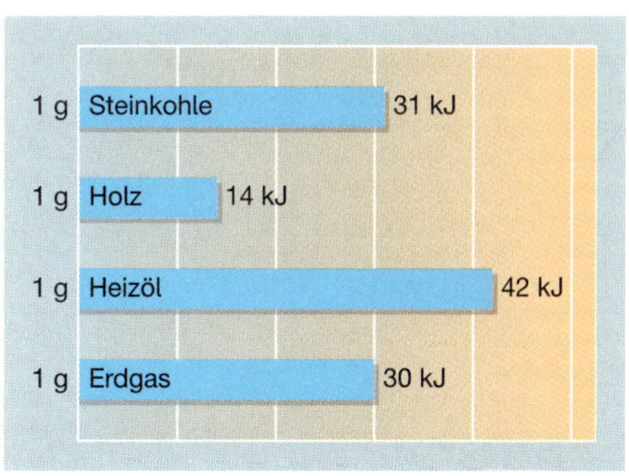

2 So viel Energie wird beim Verbrennen abgegeben.

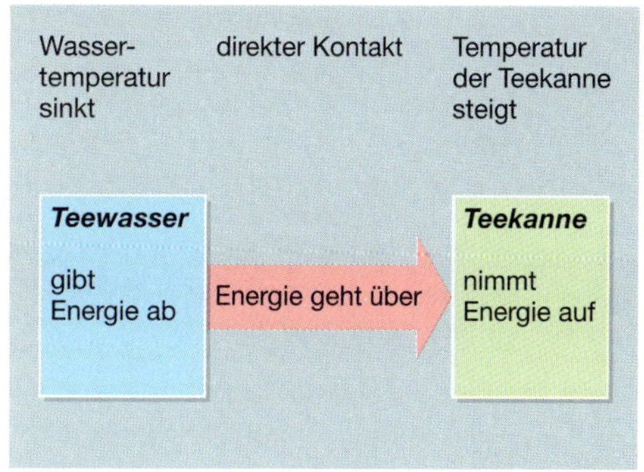

1 Energie geht vom Wasser auf die Teekanne über.

Abb. ➤ 2 zeigt, dass zum Beispiel 1 g Steinkohle beim Verbrennen etwa doppelt so viel Energie abgibt wie 1 g Holz.
Dass auch Menschen Energie abgeben können, kannst du nachprüfen:

V1 Fülle zwei gleiche Metallbecher mit kaltem Wasser. Umfasse einen der Becher fest mit beiden Händen. Die Temperaturmessung nach einigen Minuten zeigt, dass die Temperatur in diesem Becher stärker angestiegen ist als in dem zweiten Becher.

Wenn wir Energie abgeben, müssen wir auch wieder Energie aufnehmen. Das geschieht durch die Nahrungsaufnahme. Auf der Verpackung von Lebensmitteln ist oft angegeben, wie viel Energie sie enthalten. Angaben dazu findest du auch auf der nächsten Seite.

Fragen

1 Wie viel Energie (in kJ) nimmt das Wasser auf, wenn a) 1 l Wasser von 14 °C auf 30 °C und b) 8 l Wasser von 14 °C auf 30 °C erwärmt werden?

2 Milch verhält sich beim Erwärmen ähnlich wie Wasser. Wie viel kJ werden benötigt, um $^1/_2$ l Milch von 8 °C aus dem Kühlschrank zum Kochen zu bringen?

3 Nenne weitere Gegenstände, die Energie abgeben können. Beschreibe, wie man mit ihnen Wasser erhitzen kann und zeichne die Energietransportkette wie Abb. ➤ 1.

Energie beim Menschen

Rudi preist seine neueste Erfindung zum Wasserkochen an (Abb. ➤ 1): „Hier wird keine Batterie leer – das läuft immer!"
„Na, dann zeig uns mal, ob das funktioniert!", fordert Nicole auf. Rudi schwingt sich auf das Rad und fährt so schnell er kann. Nach einiger Zeit kommt er ziemlich erschöpft zurück. Anita stellt fest: „Die Temperatur ist tatsächlich etwas gestiegen, aber nur wenig. Du musst noch mehr fahren." Rudi aber winkt ab: „Ich geh' jetzt erst einmal 'was essen."

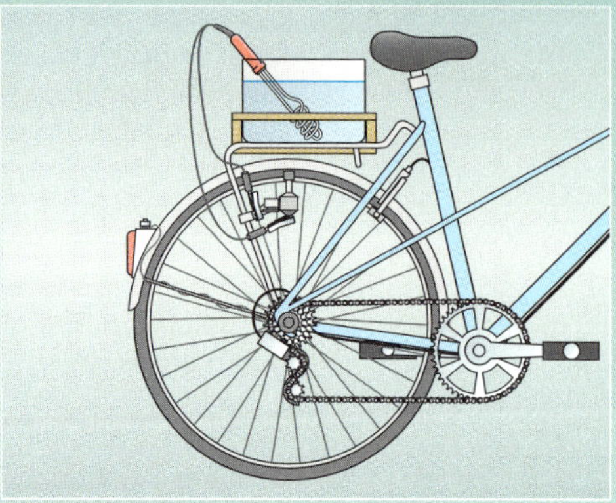

1 Rudis Radkocher

Der Radkocher bezieht seine Energie vom Menschen. Rudi gibt sie über die Pedale an das Rad ab. Über den Dynamo und den Tauchsieder gelangt die Energie schließlich bis zum Wasser. Mit dem Versuchsaufbau aus Abb. ➤ 2 kannst du selbst Wasser erwärmen. Auch wenn in dem Glas nur 100 ml Wasser sind, musst du doch einige Minuten lang kräftig am Dynamo kurbeln, um die Wassertemperatur auch nur um wenige °C zu erhöhen. Um auf dieselbe Weise Wasser für ein heißes Bad in der Wanne zu erwärmen, würdest du viele Stunden brauchen. Wahrscheinlich würdest du aber vorher schon vor Erschöpfung aufgeben.

2 So kannst du selbst Wasser erwärmen.

3

Der Mensch kann nämlich Energie nicht unbegrenzt abgeben, selbst wenn er sich noch so viele Ruhepausen gönnt. Er muss zwischendurch selbst wieder Energie aufnehmen. Dies geschieht über die Nahrung. Wie viel Energie in den Nahrungsmitteln vorhanden ist, hängt nicht nur vom Nahrungsmittel selbst ab, sondern auch von der Menge. Zum Vergleichen benutzt man deswegen oft 100 g-Mengen. Entsprechende Angaben findest du auch häufig auf der Verpackung (Abb. ➤ 3).

Nahrungsmittel (100 g)	*kJ*
Butter	3 100
Zucker	1 700
Schnitzel	1 000
Brot	900
Kartoffeln	300
Käse	300
Wasser	0

Was geschieht eigentlich mit der Nahrung im Körper? Beim Verdauen wird sie zunächst zerlegt. Einzelne Bestandteile wie Fett und Kohlehydrate werden vom Körper „verbrannt"; allerdings erfolgt dies ganz gemächlich und ohne Flamme. Nicht verbrannte Nahrungsmittel speichert der Körper in Form von Fett; 1 g Fett enthält ungefähr 40 kJ.
Ohne diese Verbrennungsvorgänge könntest du nicht leben. Durch sie werden auch deine Muskeln in Bewegung gesetzt, dein Herz kann schlagen, du kannst atmen und du kannst dich bewegen. Wenn du deinen Körper nun stark bewegst, verbrennt er auch viel Nahrung. Entsprechend stark erwärmt er dabei über die Haut und die Atemluft die Umgebung, d. h., er gibt auch viel Energie ab. Aber selbst wenn du dich ruhig verhältst, wirkt dein Körper wie ein kleiner Heizlüfter. Hausmeister wissen das und stellen die Heizung in Klassenräumen oder anderen Räumen mit vielen Personen absichtlich etwas niedriger ein.

4 So viel Energie benötigst du in einer Minute.

Fragen

1 Notiere von 10 Nahrungsmitteln (100 g) den Energiegehalt.

2 Bestimme mithilfe einer Küchenwaage den Energiegehalt eines Butterbrotes mit Käse.

3 Wie lange könntest du mit der Energie eines 100 g-Schnitzels joggen?

Energietransport in Materie

„Au! Ist das heiß!“ schreit Nils auf, als er den Löffel in seinem Kakaogetränk anfasst. „Hätte ich den Löffel bloß nicht in der Tasse stehen lassen!“ Eben erst haben er und Kristina den Kakao in die heiße Milch eingerührt. Kristina ist gewarnt: Sie fasst ihren Löffel ganz vorsichtig an. Aber der ist nur lauwarm.

Warum ist Nils' Löffel so heiß, Kristinas dagegen nicht?
Und wie kann Nils den heißen Löffel aus der Tasse nehmen, ohne sich dabei die Finger zu verbrennen?

Grundwissen

Wärmeleitung

V1 Erhitzt man eine Metallstange an einem Ende, so stellt man am anderen Ende nach einiger Zeit eine Erwärmung fest. Ähnliches beobachtet man auch bei anderen festen Körpern, Flüssigkeiten und Gasen.

> Wird die Temperatur bei einem Körper an einer Stelle erhöht wird, so steigt sie auch in den benachbarten Bereichen.

Abb. ➤1 macht deutlich, wie die bei A zugeführte Energie durch die Stange transportiert wird: Jeder erwärmte Bereich gibt selbstständig Energie an kältere Nachbarbereiche ab und erhöht dadurch deren Temperatur. So wird Energie jeweils weitergereicht, bis sie bei B ankommt. Diese Art des Energietransports zwischen Bereichen unterschiedlicher Temperatur nennt man ***Wärmeleitung***.

> Die Erfahrung zeigt: Selbstständig wandert Energie immer nur vom wärmeren Teil zum kälteren, niemals umgekehrt.

2 Zu Versuch 2

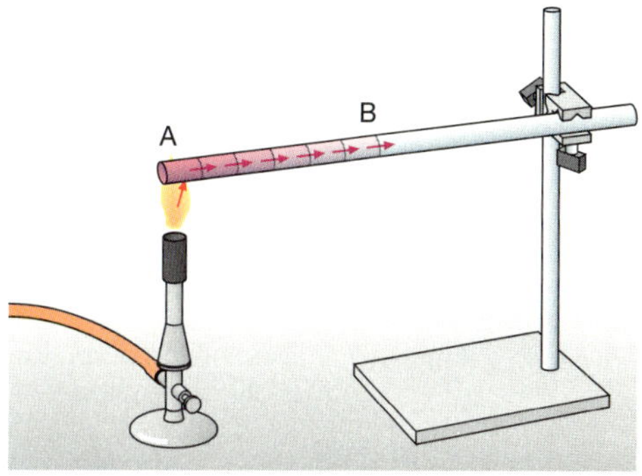

1 Die Stange transportiert Energie von A nach B.

Beim Kühlschrank wird zwar Energie vom kälteren Innenraum zum wärmeren Außenraum transportiert; dieser Vorgang läuft aber nicht selbstständig ab.

V2 In Abb. ➤2 stehen Löffel aus Silber, Stahl und Plastik in heißem Wasser. Die mit etwas Butter befestigten Erbsen fallen der Reihe nach ab. Zuerst fallen die untersten ab, dann die darüber liegenden. Dies bestätigt unsere Vorstellung vom Energietransport in den Löffeln. Zusätzlich stellt man fest, dass die Erbsen beim Silberlöffel früher herunterfallen als beim Eisenlöffel; beim Plastiklöffel muss man noch länger warten, bis die erste Erbse fällt. Wie schnell die Energie transportiert wird, hängt neben dem Abstand also auch vom Material ab.

> Metalle leiten die Energie gut; dagegen leiten Holz und Kunststoff, vor allem aber Luft die Energie schlecht.

Unterkühlung und Verbrennung

„Setz' dich nicht auf die kalten Steine!" Sicher hast du das schon oft von deinen Eltern hören müssen, wenn du im Winter draußen spieltest. Warum ist dies nur so gefährlich? Stein transportiert die Energie rasch aus dem wärmeren Körper ab. So kann es schnell zu einer Unterkühlung kommen. Glücklicherweise helfen unsere Sinne dabei, solche Gefährdungen zu vermeiden. Bei gleich niedriger Temperatur fühlen sich Körper, die die Energie schnell transportieren, nämlich kälter an.

Du kannst selbst ausprobieren, dass Körper, die die Energie besser leiten, sich kälter anfühlen: Wenn du einen Styropor- und einen Eisenblock in den Kühlschrank stellst, haben sie nach einigen Stunden dieselbe niedrige Temperatur. Fasst du sie anschließend an, fühlt sich der Eisenblock erheblich kälter an als der Styroporblock (Abb. ➤ 2 und 3). Die Sinne unterscheiden also weniger die Temperaturen als vielmehr, wie schnell die Energie aus der Haut transportiert wird. Die Tabelle in Abb. ➤ 1 gibt für verschiedene Materialien an, um wievielmal schneller sie im Vergleich zur Luft die Energie abtransportieren.

Die Zahlen geben an, wievielmal besser als bei Luft die Energie transportiert wird:

Luft	1
Mineralwolle	1,5
Styropor	1,8
Kork, Federn	2
Papier	5
Holz	6-12
Wasser	10
Fensterglas (Isolierverglasung)	35
Ziegel	35
Stein	40
Glas	50
Stahlbeton	760
Stahl	1 800
Aluminium	8 600
Kupfer	16 600
Silber	18 000

1 Wie gut wird die Energie transportiert?

Dies erklärt auch, warum dir Badewasser von 21 °C bedeutend kälter vorkommt als Luft von 21 °C: Wasser transportiert die Energie besser als Luft (Abb. ➤ 1). Wenn du dich einige Zeit in solchem Wasser aufhältst, bekommst du blaue Lippen oder andere Unterkühlungserscheinungen. Du musst dann das Wasser zügig verlassen. Auf ähnliche Weise warnen uns die Sinne auch vor Verbrennungen an heißen Gegenständen.
Wasser von 50 °C schadet dem Menschen mehr als Luft von 50 °C. Man empfindet allerdings auch solches Wasser heißer als Luft gleicher Temperatur.
Du kannst es selbst beim Spülen mit heißem Wasser überprüfen. (***VORSICHT!*** Bei Wassertemperaturen von mehr als 50 °C kannst du dir die Hände verbrühen!)
Die Luft im Spülschaum hat die gleiche hohe Temperatur wie das Spülwasser. Halte deine Hand einmal dicht über das Wasser in den Schaum (Abb. ➤ 4). Es wird dir nicht besonders heiß vorkommen. Wenn du die Hand dann ins Wasser tauchst, scheint es heißer zu sein als der Schaum (Abb. ➤ 5).

Wie aber verhält man sich, wenn man sich nun doch einmal „verbrannt" hat? Um den Schaden zu begrenzen, muss man die überschüssige Energie in der Haut möglichst rasch loswerden.
Bei ganz geringen Verbrennungen an den Fingerspitzen kannst du die Energie schon abführen, indem du die meist kalten Ohrläppchen anfasst. Bei etwas stärkeren Verbrennungen an Armen oder Beinen solltest du sie sofort für längere Zeit (20–30 Minuten) unter fließendes kaltes Wasser halten oder Kühlelemente auflegen und anschließend den Arzt aufsuchen.

Zu Hause findest du bestimmt ein Buch über erste Hilfe. Lies einmal den Abschnitt über Verbrennungen und Verbrühungen.

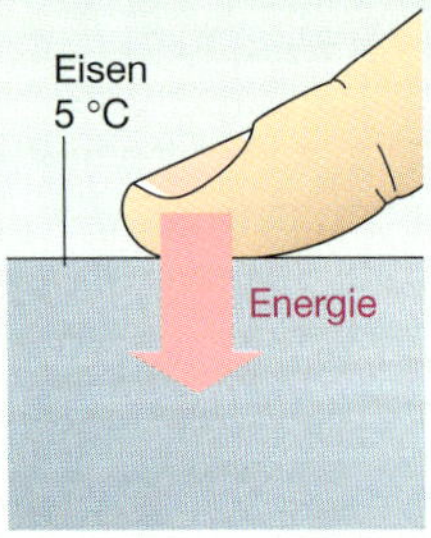

2 Sinne melden: „sehr kalt"

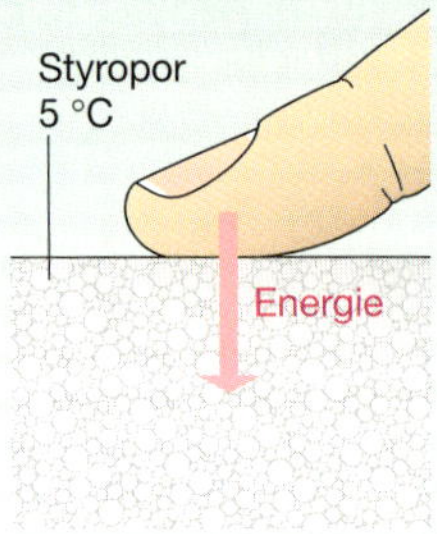

3 Sinne melden: „kaum kalt"

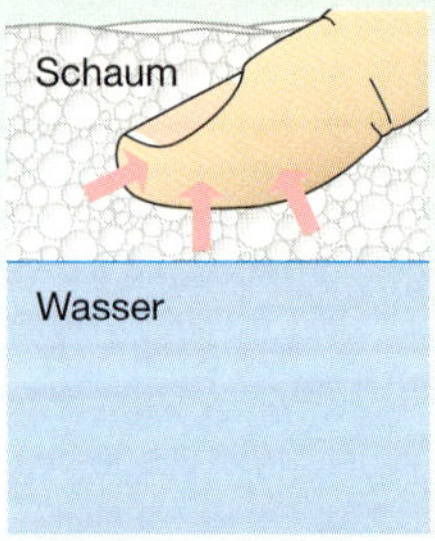

4 Sinne melden: „kaum warm"

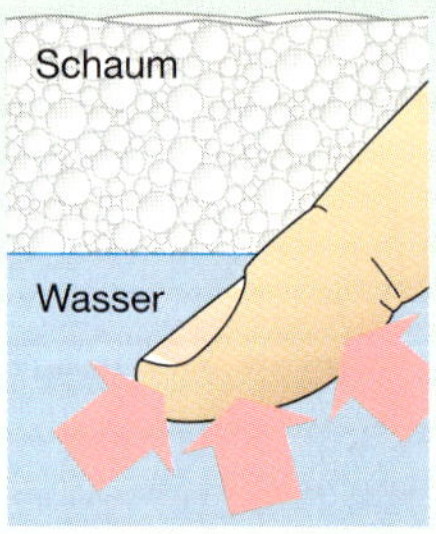

5 Sinne melden: „sehr warm"

Energietransport mit Materie

An einem kalten Winterabend kehrt Ritter Hanno der Pfiffige von der Jagd in seine Burg zurück.
Nach diesem anstrengenden Tag möchte er sich endlich im Bett ausruhen.
Sein Knappe hat schon Feuer im Kamin gemacht und legt gerade eine Lanze vom Feuer zum Bett, als Ritter Hanno hinzukommt.
Ritter Hanno überlegt einen Moment und dann kommt ihm eine andere Idee. Er nimmt die Lanze wieder weg und legt Ziegelsteine ans Feuer. Nach einer Weile legt er die erwärmten Ziegelsteine ins Bett.

Erläutere mit eigenen Worten, was der Knappe und der Ritter erreichen wollen.

Welche Idee ist wohl die bessere?

Grundwissen

Wärmemitführung

Bei der Warmwasserheizung (Abb. ➤ 1) wird Wasser im Heizkessel erhitzt; es nimmt dabei Energie auf. Durch die Pumpe wird es zum Heizkörper befördert. Die vom Wasser mitgeführte Energie wird dort an die Luft abgegeben. Das abgekühlte Wasser gelangt wieder in den Heizkessel und der Kreislauf beginnt von neuem. Diese Art von Energietransport nennt man ***Wärmemitführung***.

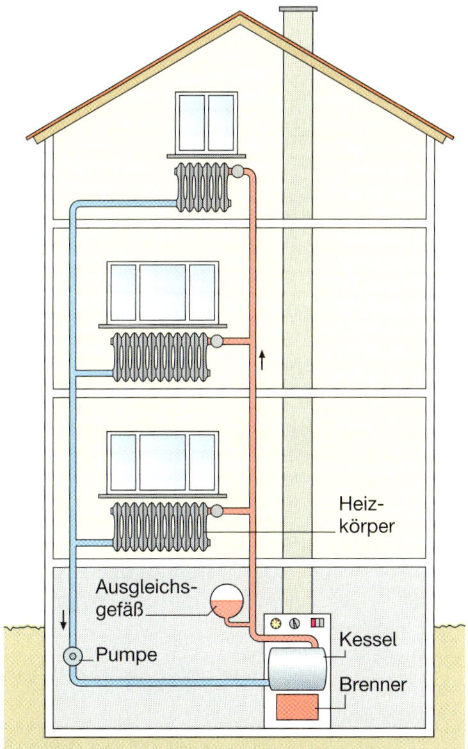

1 Energietransport bei der Warmwasserheizung

Auch die Rohre transportieren die Energie zum Heizkörper, und zwar durch Wärmeleitung. Selbst bei Kupferrohren geht das aber viel zu langsam.
Sowohl bei der Wärmeleitung als auch bei der Wärmemitführung wird Energie transportiert. Bei der Wärmeleitung wird die Energie im Material transportiert, ohne dass dies sich bewegen muss. Bei der Wärmemitführung dagegen wird die Energie zusammen mit dem Material transportiert.

Durch Wärmemitführung kann die Energie oft schneller als durch Wärmeleitung transportiert werden.

Fragen

1 Erläutere Unterschiede und Gemeinsamkeiten zwischen Wärmeleitung und Wärmemitführung.

2 Wozu dient das Ausgleichsgefäß in Abb. ➤ 1?

Luft und Wasser strömen selbstständig

Bei der Feuersbrunst können die Feuerwehrleute nahe an das Feuer herangehen, obwohl enorm viel Energie frei wird.
Es kann dabei sein, dass sie am Feuer einen starken Wind zum Feuer hin spüren: einen Feuersturm, der das Feuer immer wieder anfacht.
Wie kommt es, dass sich die Feuerwehrleute nicht verbrennen und woher kommt der seitliche Wind, der zum Feuer weht?

Grundwissen

Selbstständige Wärmemitführung

V1 Wo die Energie bei einem Feuer hintransportiert wird, kannst du leicht selbst feststellen, wenn du deine Hand vorsichtig einer Kerzenflamme näherst: einmal von der Seite und einmal von oben.

1 Luftströmung bei einer Kerze

Der Versuch mit der Kerze zeigt: Der größte Teil der Energie wird nach oben abgeführt; heiße Luft und Verbrennungsgase steigen nach oben. Die Tatsache, dass warme Luft in umgebender kälterer Luft nach oben steigt, ist ja auch Ursache dafür, dass ein Heißluftballon aufsteigt. Wenn allerdings heiße Luft wie beim Feuer ständig aufsteigt, dann muss andere, d. h. kältere Luft nachströmen.
Diese nachströmende kältere Luft sorgt bei einer Kerze dafür, dass der Wachsrand nicht flüssig wird. Bei der Feuersbrunst kann die nachströmende Luft das Feuer zusätzlich anfachen und einen Feuersturm auslösen.
Wärmemitführung beobachten wir auch bei Flüssigkeiten.

V2 In ein Glasrohr, das mit Wasser gefüllt ist (Abb. ➤2), wird zunächst ein wenig Färbemittel hineingegeben. Man wartet bis sich das Färbemittel etwas im Wasser gelöst und verteilt hat.
Dann wird das Rohr unten an der Seite mit einer Flamme erwärmt.

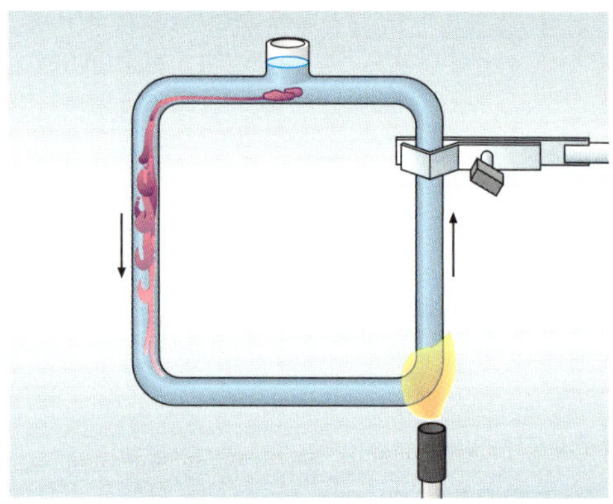

2 Die Pfeile zeigen die Wasserströmung.

Sobald sich das Wasser erwärmt, beginnt es dort, aufwärts zu strömen. Kälteres Wasser strömt von der Seite nach und es bildet sich selbstständig eine Rundumströmung. Die Energie wird dabei von der Erwärmungsstelle in die kälteren Bereiche transportiert; davon kann man sich leicht überzeugen, wenn man das Rohr nach einiger Zeit oben anfasst.

Frage

1 Was ändert sich bei der Strömung in Abb. ➤2, wenn das Rohr an anderer Stelle erwärmt wird?

Energietransport ohne Materie

Der Vater von Michael und Julia ist sichtlich genervt. Deswegen beschließen beide, selbst eine Antwort auf ihre Frage zu finden. Während der nächsten Rast legen sie ein schwarzes und ein weißes T-Shirt in die Sonne. Nach einiger Zeit berühren sie die T-Shirts mit der Hand: Das schwarze T-Shirt ist richtig heiß geworden; dagegen hat sich das weiße nur mäßig erwärmt.

Sie können sich nun denken, weshalb die meisten Wohnmobile weiß sind. Aber warum werden eigentlich schwarze Gegenstände in der Sonne stärker erwärmt als weiße?

Grundwissen

Wärmestrahlung

Neben der Wärmeleitung und der Wärmemitführung gibt es eine weitere Art, Energie zu transportieren. Der Versuch in Abb. ➤1 macht dies deutlich: Einerseits wird die Hand erwärmt; es muss also Energie von der Rotlichtlampe zur Hand gelangt sein. Andererseits kann der Energietransport hier aber nicht durch Wärmeleitung oder Wärmemitführung erfolgen, denn sonst müsste mindestens eines der beiden Thermometer ② und ③ mehr als 28° anzeigen.
Diese neue Art des Energietransports bezeichnet man als ***Wärmestrahlung***. Bei ihr besteht kein direkter Kontakt zu einem heißen Gegenstand; es wird auch keine erwärmte Materie transportiert.

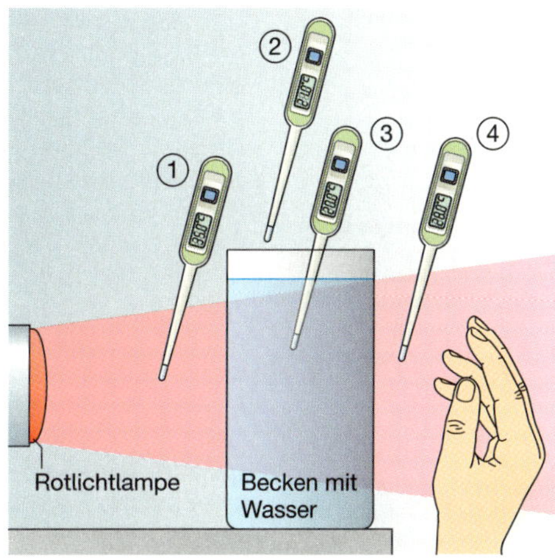

1 Bei der Hand ist die Temperatur höher als im Becken oder oberhalb davon.

Nicht nur Rotlichtlampen, sondern alle heißen Gegenstände geben Energie durch Wärmestrahlung ab. Auf diese Weise gelangt auch die Energie von der Sonne durch den leeren Weltraum zur Erde. Wärmestrahlung kann durch helle oder glänzende Oberflächen ***reflektiert*** (zurückgeworfen) und von dunklen Oberflächen ***absorbiert*** (verschluckt) werden. Beim Absorbieren geht die Energie auf den Gegenstand über; dieser erhöht seine Temperatur. So kann in Abb. ➤2 kaum Energie zum rechten Thermometer gelangen, seine Temperatur steigt nur wenig an. Dagegen zeigt das linke Thermometer deutlich höhere Temperaturwerte an.

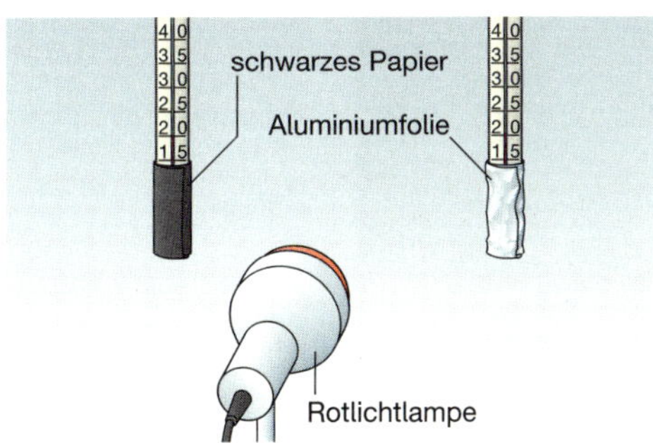

2 Reflexion und Absorption

Fragen

1 Vergleiche die Wärmestrahlung mit der Wärmeleitung und mit der Wärmemitführung.

2 Im Sommer trägt man oft helle Kleidung. Weißt du warum?

Temperaturregelung bei Menschen und Tieren

Wir Menschen haben wie alle Säugetiere eine nahezu gleich bleibende Körpertemperatur, die in der Regel über der Temperatur der Umgebung liegt. Deshalb geben wir ständig Energie an die Umgebung ab, wodurch sich unsere Körpertemperatur verringern müsste. Damit dies nicht geschieht, müssen wir wieder Energie zuführen, z. B. durch Nahrungsaufnahme. Die Wärmestrahlung der Sonne kann unserem Körper zusätzlich Energie zuführen. Umgekehrt führt der Wind die Energie unseres Körpers schneller ab und es kann passieren, dass wir frieren.

1 Abkühlung durch Schwitzen

Durch unser Verhalten und unsere Kleidung können wir die Abgabe und die Zufuhr der Energie regulieren. Beispielsweise vermindert das Anziehen eines Pullovers den Energieverlust. Im Sommer vermindern wir die Zufuhr von Energie, wenn wir uns nicht in der prallen Sonne, sondern im Schatten aufhalten. Darüber hinaus besitzen wir einen körpereigenen Schutzmechanismus. Wenn es im Sommer sehr warm ist oder wir uns beim Sport körperlich sehr anstrengen, tritt Schweiß aus Poren der Haut; wir geraten „ins Schwitzen“ (Abb. ➤ 1). Beim Verdunsten der Schweißtropfen auf der Haut wird dem Körper Energie entzogen und schnell aus dem Körper abtransportiert, um eine Überhitzung zu vermeiden. Kann unser Körper nicht genug Energie abgeben, kann dies zu einem Hitzschlag führen.

2 Polarfuchs

Luft ist ein schlechter Wärmeleiter. Wir Menschen nutzen Luftschichten, um uns gegen Auskühlung zu schützen. Die Fasern unserer Bekleidung schließen viele kleine Luftpolster ein. Unsere Winterbekleidung, z. B. dicke Wollpullover und Anoraks, hat besonders viele Luftpolster. Jedoch darf keine Nässe in die inneren Schichten der Kleidung eindringen. Wird das Gewebe von Wasser durchdrungen, leitet es die Energie schnell vom Körper ab. Moderne Textilien weisen deshalb die äußere Feuchtigkeit ab und ermöglichen zugleich den Abfluss der Feuchtigkeit der Haut. Durch eine hohe Winddichtigkeit bleiben auch bei Sturm die wärmenden Luftschichten in der Kleidung erhalten.

3 Wüstenfuchs (Fennek)

Auch Tiere nutzen isolierende Luftschichten, wie man am aufgeplusterten Gefieder eines Vogels oder an einem dicken Winterfell erkennen kann. Farbe und Dicke des Fells und sogar die Körperform der Tiere sind an das Klima angepasst. Das Fell des Polarfuchses ist sehr dicht (Abb. ➤ 2). Seine Ohren sind kurz, stark behaart und abgerundet und strahlen dadurch wenig Wärme ab. Der Wüstenfuchs in der Sahara hat sehr große Ohren (Abb. ➤ 3), sie erleichtern die Abstrahlung von Energie aus dem Körper. Eisbären besitzen nicht nur ein dichtes Fell, sondern auch eine dicke Speckschicht. Die hellen Fellhaare leiten einen Teil der Sonnenstrahlen auf die pechschwarze Haut. Diese nimmt die spärliche Sonnenenergie auf. Damit wird wieder das Luftpolster beheizt, das von den Fellhaaren eingeschlossen wird. Die Haare des Fells nehmen kein Wasser auf, der Bär kann an Land das Wasser abschütteln.
Wechselwarme Lebewesen sind zwar nicht auf eine konstante Körpertemperatur angewiesen, dennoch muss sich auch bei ihnen die Körpertemperatur innerhalb gewisser Grenzen befinden. Krokodile halten sich daher während der Mittagshitze nur im Schatten auf und lassen Flüssigkeit im geöffneten Maul verdunsten (Abb. ➤ 4). Dadurch steigt ihre Körpertemperatur nicht über 30 °C an.

4 Das Krokodil lässt Wasser im Maul verdunsten.

Fragen

1 Erläutere, warum wir in der nassen Bekleidung schnell frieren.

2 Was können wir tun, um einen Hitzschlag zu vermeiden? Informiere dich über Maßnahmen der Ersten Hilfe bei einem Hitzschlag.

Temperaturregelung in der Technik

Raumanzüge – Raumstationen im Kleinformat

Astronauten sind während ihrer Flüge in vielerlei Hinsicht einer lebensfeindlichen Umgebung ausgesetzt. Die Raumschiffe schützen sie vor Vakuum, Auskühlung, kosmischer Strahlung und vor den im Weltall herumfliegenden kleinen Meteoriten. Gleichzeitig sichern sie die Versorgung der Astronauten mit Sauerstoff. Bei Manövern außerhalb des Raumschiffes im freien Weltall oder auf dem Mond tragen die Astronauten Raumanzüge, die einer Raumstation im Kleinformat gleichen.

Die Raumanzüge bewahren die Astronauten vor eisiger Kälte und großer Hitze. Im freien Weltall herrscht eisige Kälte. Auf der Mondoberfläche dagegen schwanken die Temperaturen extrem. Sie betragen 130 °C bei voller Sonneneinstrahlung und –170 °C auf der Nachtseite des Mondes. Deshalb müssen die Anzüge eine ausgezeichnete Wärmedämmung besitzen. Sie bestehen aus bis mehreren Schichten aus speziellen Kunststofffasern und einer äußeren aluminiumbeschichteten Polyesterfolie. Diese äußere Schicht ist sehr robust, denn sie schützt die Astronauten auch vor kleinsten Meteoriten und anderen mechanischen Schäden.
Die gute Wärmeisolierung des Raumanzuges dient dem Schutz vor der Kälte des Weltraumes. Gleichzeitig kann aber auch keine Körperwärme entweichen. Deshalb tragen die Astronauten unmittelbar auf der Haut einen Kühlanzug, der die Körperwärme der Astronauten ableitet. Der Kühlanzug besteht aus einem System von Schläuchen, in dem eine Kühlflüssigkeit zirkuliert.

Zum Leben im Weltall benötigen die Astronauten nicht nur Atemluft, sondern sie müssen wie auf der Erde und im Raumschiff von einem äußeren Luftdruck umgeben sein. Deshalb wird im Inneren des Raumanzuges ein künstlicher Luftdruck erzeugt. Der Raumanzug ist nicht nur wärmeisolierend, sondern auch absolut luftdicht.
Der Anzug enthält biegsame Elemente. Mehrere vakuumdichte Reißverschlüsse ermöglichen das An- und Ausziehen. Zum Raumanzug gehört ein Versorgungstornister mit Sauerstoff und Geräten zur Regelung der Temperatur und der Feuchtigkeit. Der Helm ist mit Schutzschichten versehen, die vor dem hellen Sonnenlicht schützen.

1 Astronauten im freien Weltraum

Motorkühlung – Energie wird abtransportiert

Die Motoren von Kraftfahrzeugen erhitzen sich sehr stark. Um eine Überhitzung zu vermeiden, werden sie gekühlt. Bei Mopeds und Motorrädern erfolgt die Kühlung durch Luft (Abb. ➤3). Pkw und Lkw haben zumeist Wasserkühlung. Das Kühlwasser umgibt die Zylinder und nimmt einen Teil der Energie auf, die beim Verbrennen des Benzins umgesetzt wird. Die Wasserpumpe drückt das erhitzte Wasser durch den Kühler (Abb. ➤2), wo es wie bei einem Heizkörper von der Luft abgekühlt wird.

3 Kühlrippen

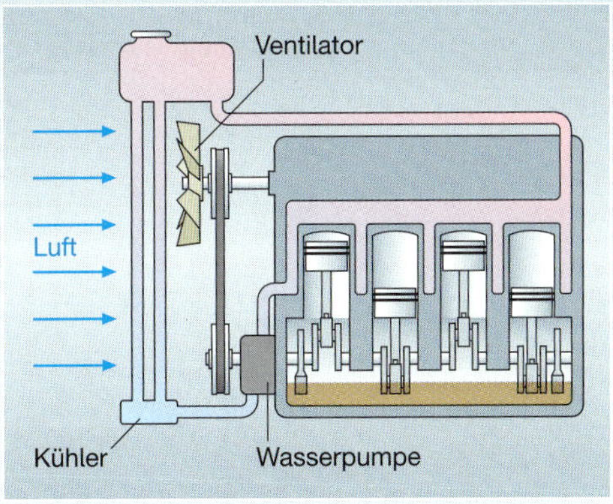

2 Wasserkühlung beim Benzinmotor

Fragen

1 Überlege, warum am Motor des Motorrades viele Kühlrippen angebracht werden (Abb. ➤3).

2 Fahrzeuge mit Wasserkühlung besitzen für die Kühlflüssigkeit einen Ausgleichsbehälter. Welche Aufgabe hat er?

Energiesparendes Bauen – Wärmedämmung und Solaranlagen

1 Thermografie eines Hauses

2 Welche Wachskugeln fallen zuerst?

Peters Eltern wollen bauen. „Es soll ein möglichst behagliches Haus sein. Die Räume sollen im Winter, aber auch im Sommer eine angenehme Lufttemperatur besitzen“, meint seine Mutter und Peter ergänzt: „Ich möchte nicht nur kalt, sondern auch angenehm warm duschen!“ „Wir wollen aber nur die Räume im Haus, nicht die Umgebung heizen“, sagt sein Vater. Er weiß, dass der größte Teil der Energie, der im Haushalt benötigt wird, für die Heizung und die Warmwasserversorgung aufgewandt werden.

„Es reicht nämlich nicht aus“, so erklärt er Peter, „das Wasser bis zur gewünschten Temperatur zu erwärmen und die Anlage auszuschalten. Nach dem Waschen, Duschen, Spülen oder Baden wandert ein großer Teil der Energie mit dem Wasser ins Abwassersystem oder durch die Zuleitungsrohre in die Umgebung und steht nicht mehr zur Verfügung. Auch aus den geheizten Räumen weicht immer wieder durch Fenster, Türen, Wände oder durchs Dach Energie nach draußen. Dadurch wird die Wassertemperatur bzw. die Lufttemperatur geringer und man muss ständig nachheizen.“

„Ja, dann lohnt es sich ja, darüber nachzudenken, wie man Ernergie und damit Kosten einsparen kann“, meint darauf Peter.

„Wir schonen nicht nur unseren Geldbeutel, sondern auch die Umwelt. Wir brauchen dann nicht soviel Brennstoff für die Heizung und aus dem Kamin kommen weniger Schadstoffe in die Umgebung,“ ergänzt seine Mutter. „Dies haben wir auch“, so fährt sie dann fort, „mit unserem Architekten besprochen. Er hat drei Maßnahmen bzw. Vorschläge genannt, die man zur Energieeinsparung nutzen kann:

1. Das Haus ist möglichst durch eine gute ***Wärmedämmung*** vor Energieverlusten zu schützen. Dann braucht man gar nicht erst soviel zu heizen. Eine Thermografie kann dabei die Energieabflüsse sichtbar machen (Abb. ➤ 1).
2. Durch eigenes Verhalten sollte die dem Haus zugeführte Energie möglichst ***sinnvoll und günstig genutzt*** werden.
3. Zur Warmwasserbereitung, Heizung usw. kann man die Sonne (lat. sol) „anzapfen“. In sogenannten ***Solaranlagen*** wird deren Energie aufgefangen und an die Hausanlagen weitergegeben.“

Was man zur Energieeinsparung machen kann, kannst du den nachfolgenden Abschnitten entnehmen.

Wärmedämmung – eine optimale Möglichkeit zur Energieeinsparung

Ein guter Wärmeschutz bringt die größten Vorteile bei der Einsparung von Energie. Dazu verwendet man Materialien oder Vorrichtungen, die die Wärmeleitung, die Wärmemitführung und die Wärmestrahlung behindern. Folgende Versuche zeigen verschiedene Möglichkeiten:

Mit einem Föhn untersuchen wir den Energietransport bei einer einfachen und einer Doppelglasscheibe (Abb. ➤ 2). Die an der Rückseite der Scheiben angebrachten Wachskugeln fallen bei der Doppelglasscheibe später.

Wir bekleben bei einem von zwei gleichen Kartons die Wände vollständig mit Styroporplatten (Abb. ➤ 3). In beide stellen wir eine Tasse mit 50 °C heißem Wasser und verschließen sie. Anschließend messen wir durch eine Öffnung alle 5 Minuten die Temperatur und notieren sie. In dem Karton ohne Styropor sinkt die Temperatur schneller.

Die Versuche zeigen: Die Wärmeleitung kann gehemmt werden, indem man schlechte Wärmeleiter wie Luft oder Kunststoffe benutzt.

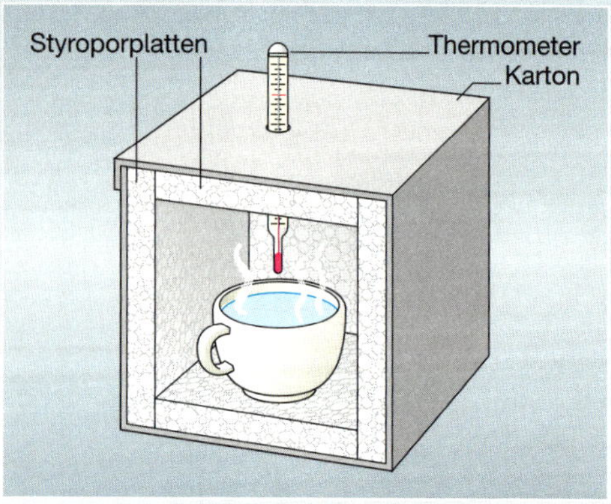

3 Versuch zur Wärmedämmung

a)

b)

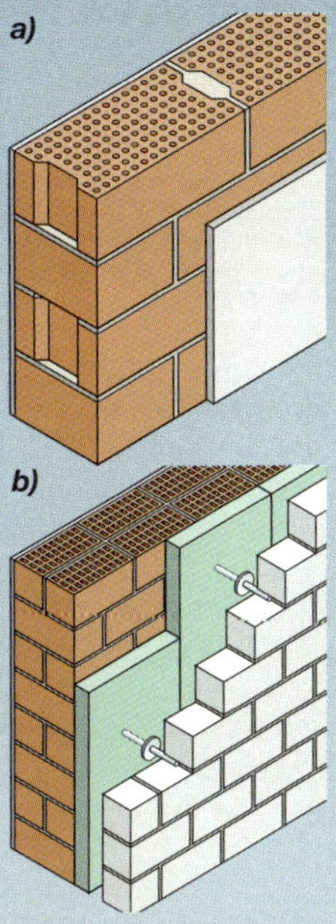

1 Außenwand
a) aus einer bzw. ***b)*** aus zwei Mauerschichten

Wie lässt sich die Wärmedämmung beim Haus verbessern?
Die Außenbauteile eines Hauses müssen besonders gut gegen entweichende Energie geschützt werden. So verwendet man bei den Außenmauern häufig Bims-, Hohlblock- oder Gasbetonsteine (Abb. ➤ 1a), die in ihrem Inneren Luftkammern haben. Neben dem Material, das kein guter Wärmeleiter ist, wird durch die kleinen Kammern auch eine Luftströmung und damit ein Energietransport durch Wärmemitführung behindert.

Vielfach errichtet man diese Mauern auch aus zwei Schichten, zwischen denen sich ein Luftspalt und eine Lage aus Dämmmaterial befindet (Abb. ➤ 1b). Ähnlich sind auch Fensterscheiben mit Doppelverglasung (Abb. ➤ 2 der vorhergehenden Seite) aufgebaut. Luftströmungen lassen sich auch durch Mineralwolle oder Schaumstoffe behindern, deren Fasern bzw. Stoffe auch keine guten Wärmeleiter sind. Deshalb werden das Dach oder die Wände oft mit Matten aus Mineralfasern verkleidet, die häufig noch mit einer Aluminiumfolie versehen sind (Abb. ➤ 2).
Solche hellen oder glänzenden Oberflächen reflektieren die Wärmestrahlung.

Wie lässt sich durch eigenes Verhalten im Hause Energie einsparen?
Je nach Bedarf können die Räume eine unterschiedliche Temperatur aufweisen. So brauchen die Küche, in der es ja zusätzliche Wärmequellen gibt, und die Schlaf- und Nebenräume nicht so beheizt werden wie die Wohnräume, in denen wir uns ständig aufhalten.
In Zimmern mit einer Temperatur von 22 °C oder 23 °C fühlen sich viele Menschen wohl,

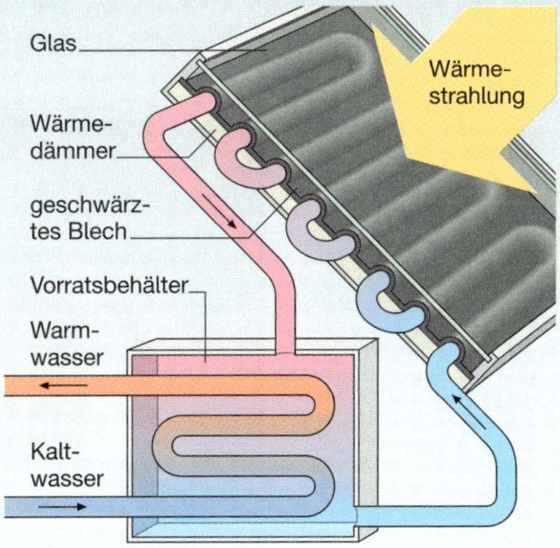

3 Sonnenkollektor

2 Dachverkleidung mit Mineralwollmatten

sodass sie sich dort mit leichter Bekleidung aufhalten. Zieht man dagegen im Winter „wärmere" Sachen an, so kann man die Temperatur z. B. um ein bis zwei Grad senken.

Ändert man in einem Raum kurzzeitig die Temperatur, so halten die meisten Gegenstände ihre Energie in etwa bei. Deshalb sollte man Räume möglichst zügig und vollständig durch weites Öffnen von Fenstern oder Türen lüften.
Ein ständig leicht geöffnetes Fenster führt dagegen zu einer ständigen Luftbewegung im Raum und damit zu einem insgesamt großen Energieverlust.

Solaranlagen – Heizen mit der Sonne
Die Sonnenenergie kann man auf zwei Arten nutzen:
1. Auf der Südseite von Hausdächern beobachtet man zuweilen große dunkle Platten, sogenannte ***Sonnenkollektoren*** (Abb. ➤ 3). In ihnen verläuft ein Teil des Wasserkreislaufs in Schlangenform. Von dem geschwärzten Blech wird Energie absorbiert, die durch die Wärmestrahlung von der Sonne zur Erde gelangt. Diese Energie wird dann durch Wärmeleitung an das Wasser in den Heizschlangen abgegeben. Durch Wärmemitführung gelangt sie zum Vorratsbehälter, wo sie gespeichert werden kann, bis sie zum Erwärmen des Wassers im Heizkörper benötigt wird.

2. Man kann auch auf dem Dach ***Solarzellen*** anbringen. Sie setzen die Sonnenenergie in elektrische Energie um, die z. B. zur Heizung oder bei entsprechender Anlage auch für andere elektrische Geräte genutzt werden kann.

In ***Niedrig-Energie-Häusern*** werden alle drei Maßnahmen bzw. Einrichtungen verwirklicht: gute Wärmedämmung, sinnvolle Wärmenutzung und ergiebige Sonnenkollektoren.

Rückblick

Auf den vorhergehenden Seiten hast du einige Versuche, neue Begriffe, Beobachtungen und Erklärungen kennen gelernt. Wenn du die folgenden Aufgaben bearbeitest, erstellst du dir selbst eine Zusammenfassung des Kapitels und kannst überprüfen, ob du das Wichtigste verstanden hast. Bist du an einer Stelle unsicher, dann sieh auf der angegebenen Seite noch einmal nach.

Gegenstände und Begriffe

1 Welche Gegenstände kann man benutzen, um Wasser zu erhitzen? (S. → 26)

2 Wie nennt man das, was alle Gegenstände abgeben, wenn sie Wasser erwärmen? (S. → 26)

3 Was versteht man unter
a 1 kJ? (S. → 27)
b Wärmedämmung? (S. → 36,37)

Beobachtungen

4 Was beobachtet man, wenn
a eine Metallstange an einem Ende erwärmt wird? (S. → 29)
b man einen Holzstab und einen Metallstab gleicher Temperatur in die Hand nimmt? (S. → 30)
c man die Luftströmung in der Nähe einer Kerze untersucht? (S. → 32)
d man zwei gleiche Thermometer in die Sonne legt, von denen eines mit schwarzem Papier und das andere mit Aluminiumfolie umwickelt ist? (S. → 33)

Erklärungen und Erläuterungen

5 Erkläre bzw. erläutere,
a welche Unterschiede zwischen Wärmeleitung, Wärmemitführung und Wärmestrahlung bestehen. (S. → 29, 31, 33)
b warum Körper gleicher Temperatur sich unterschiedlich warm anfühlen können. (S. → 30)
c wie Körper beschaffen sein müssen, damit sie möglichst wenig Energie durch Wärmestrahlung aufnehmen. (S. → 33)
d wie Menschen und Tiere sich vor zu starker Erwärmung und vor zu starker Abkühlung schützen. (S. → 34)

Zusammenhänge

6 Beschreibe mit eigenen Worten die Energieübergänge bei Rudis Radkocher.
Wo wird Energie abgegeben und wo wird Energie aufgenommen? (S. →28)

Erläutere die in den nebenstehenden Bildern wiedergegebenen Erscheinungen und beantworte die Fragen!

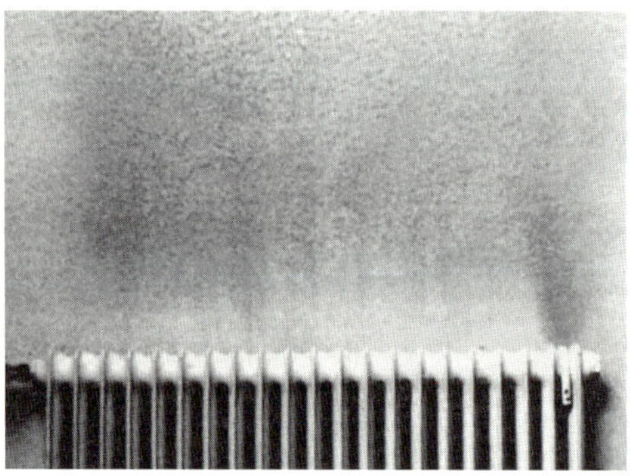

1 Wie entstehen die Schmutzstreifen über dem Heizkörper?

2 Wie wird Energie vom Kachelofen zu den Personen und zur Katze übertragen?

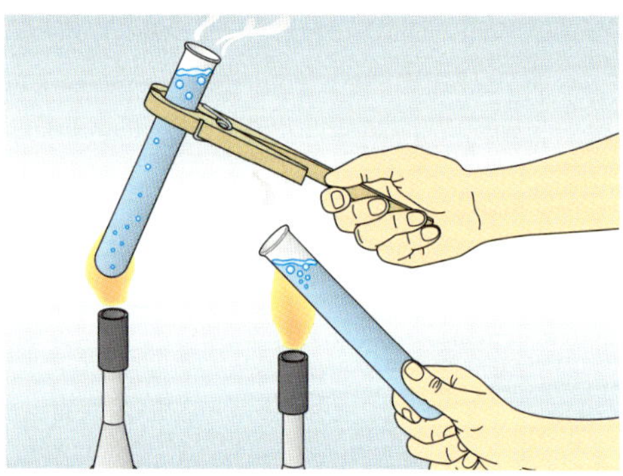

3 Wie zeigt dieser Versuch, dass Wasser ein schlechter Wärmeleiter ist?

4 Was bewirkt der Spiegel hier?

Heimversuche

1 Energietransport bei einer Kerze

a) Halte deine Hand oberhalb (***Vorsicht vor Verbrennungen!***) und neben der Kerze im gleichen Abstand zur Flamme. Wo fühlt es sich wärmer an? Überprüfe mit einem Thermometer! Wie gelangt die Energie jeweils von der Kerze zur Hand?
b) Berühre die Kerze an verschiedenen Stellen. Ist Wachs ein guter Wärmeleiter? Begründe deine Antwort.
c) Im flüssigen Wachs der brennenden Kerze bewegen sich oftmals kleine, schwarze Rußteilchen. Beobachte ihre Bewegung. Fertige ein Protokoll an.
d) Bei welchem Thermometer in Abb. ➤1 steigt der Flüssigkeitsfaden schneller? Führe den Versuch durch und fertige ein Protokoll an.

1

2 Wärmespirale

Schneide eine Spirale aus Papier aus und hänge sie an einem Faden über einer Kerzenflamme ***so weit von der Flamme entfernt auf, dass sie nicht angesengt wird.*** Beobachte dann die Spirale.

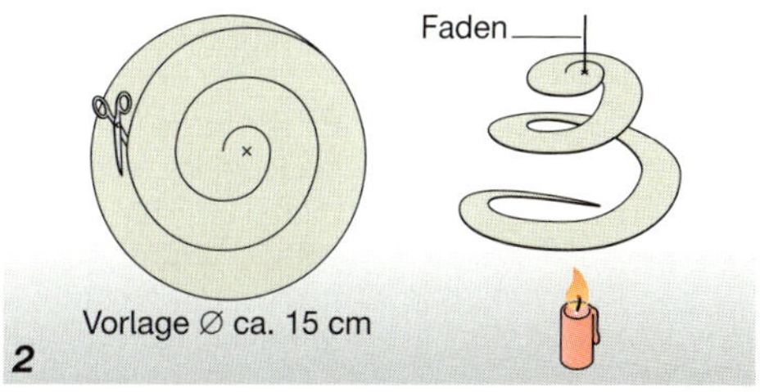

2

3 Teebeutelrakete

Achtung: Führe diesen Versuch nicht alleine durch, sondern lass dir von einem Erwachsenen helfen!
Öffne einen Zweikammerteebeutel, indem du die Metallklammer entfernst. Entleere den Beutel und forme eine Papierröhre. Diese Papierröhre stellst du auf einen Porzellanteller und zündest das Papier mit einem Streichholz ganz oben an. Beobachte, wie die „Rakete" nach einiger Zeit abhebt.

4 Wärmedämmung zu Hause

Untersuche bei dir zu Hause Wände, Böden und Decken sowie Fenster nach Maßnahmen zur Wärmedämmung. Erkundige dich auch bei deinen Eltern. Welche dieser Maßnahmen könnten auch dem Schallschutz dienen?

Fragen

4

Zur Energie

1 Welche Energie ist erforderlich, um
a) bei 1 l Wasser die Temperatur um 20 °C (50 °C) zu erhöhen?
b) bei 5 l Wasser die Temperatur um 20 °C (30 °C) zu erhöhen?

2 Wie kann man mit Hilfe eines Dynamos und eines Tauchsieders nachweisen, dass ein hochgehobener Stein Energie besitzt?

Zur Wärmeleitung

3 Nenne drei gute und drei schlechte Wärmeleiter.

4 Untersuche Fonduegabeln. Warum sind sie in der Regel mit Holzgriffen versehen?

5 Im Winter kann man beobachten, dass der Schnee auf den Dächern der Häuser unterschiedlich schnell wegtaut. Erkläre dies.

6 Welches der drei Streichhölzer in Abb. ➤3 wird zuerst entzündet?

Zur Wärmemitführung

7 Mit einer Kerzenflamme kann man Luftströmungen nachweisen (Abb. ➤4).
Wo ist hier der kältere Raum?

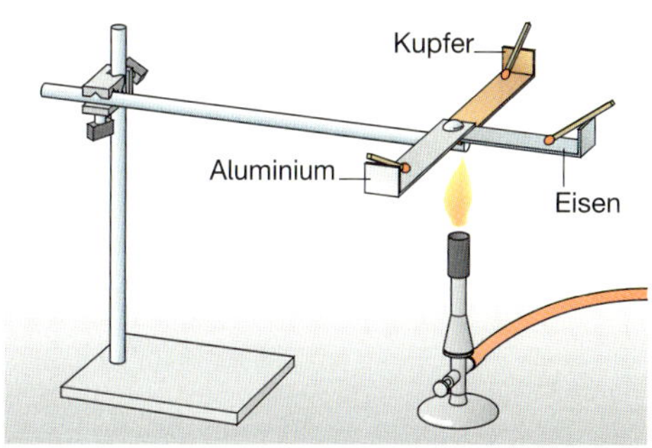

3

Fragen

8 Segelflugzeuge können sich oft ohne Antrieb immer höher in die Luft schrauben. Wie kommt der Aufwind zustande (Abb. ➤ 1)?

9 Am Tage ist das Land heißer als das Wasser. Erkläre, wie es an der Küste zu dem „Seewind" (Wind, der von der See zum Land weht) kommt (Abb. ➤ 2). Warum beobachtet man in der Nacht einen Wind in der entgegengesetzten Richtung (Landwind)?

10 Warum kann man in einem Umluftherd gleichzeitig mehrere Bleche mit Plätzchen backen?

11 Bei älteren Zentralheizungen findet man keine Pumpe im Wasserkreislauf. Wie können sie dennoch funktionieren? Warum sind die Rohre bei diesen Heizungen breiter?

1 Segelflugzeuge im Aufwind

Zur Wärmestrahlung

12 Warum trägt man im Sommer oft helle Kleidung?

13 Warum sind Kühlwagen in der Regel in hellen Farben gestrichen?

14 Untersuche Tüten, in denen heiße Hähnchen vom Grill verpackt werden. Warum sind sie im Inneren mit Alufolie ausgekleidet? Untersuche ebenso Tüten, in denen Tiefkühlkost vom Einkauf nach Hause transportiert wird.

2 Seewind

Zur Wärmedämmung

15 Warum hält auch grobmaschig gestrickte Wolle gut warm, solange man nicht im Wind steht?

16 Im Winter plustern Vögel häufig ihre Federn auf. Was bezwecken sie damit?

17 Was versteht man unter Wärmeisolation? Schaue gegebenenfalls im Lexikon nach!

18 Warum kühlt sich eine heiße Flüssigkeit in einer Thermosflasche kaum ab (Abb. ➤ 3)? Kann eine Thermosflasche auch kalte Getränke kühl halten?

19 Warum werden beim Hausbau oft Hohlblocksteine verwendet?

20 Können Kühlboxen auch zum Warmhalten benutzt werden?

21 Warum ist gute Wärmedämmung bei Häusern sehr wichtig? Welche Dämmstoffe nimmt man heute zur Wärmedämmung eines Daches, welche hat man früher verwendet?

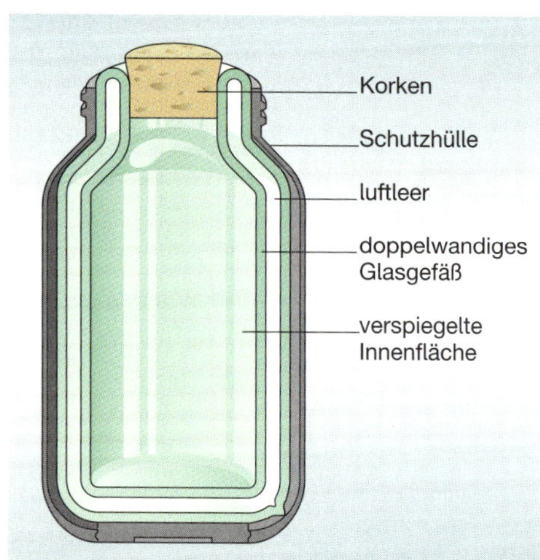

3 Schnitt durch eine Thermosflasche

Fragen

Weitere Fragen

22 Zur Warmwasserheizung
a) Wozu dient der Ausgleichsbehälter?
b) Warum lässt man das heiße Wasser am Heizkörper immer oben hinein- und das kältere Wasser unten herausfließen?

23 Elektronische Bauteile werden mit Hilfe von Lötzinn an den Leiterbahnen der Platine befestigt (Abb. ➤ 1). Dabei wird das Zinn durch einen Lötkolben verflüssigt. Nach dem Erstarren sind die Drähte der Bauteile mit den Leiterbahnen verbunden.
Manche dieser Bauteile werden allerdings zerstört, wenn sie dabei zu heiß werden. Warum wird dies vermieden, wenn man die Drähte beim Einlöten mit einer Metallzange umfasst?

24 In Abb. ➤ 2 kommt das Wasser zum Sieden, ohne dass der Papierbecher ansengt. Führe den Versuch selbst durch und lege ein Versuchsprotokoll an.

25 Wasser ist ein schlechter Wärmeleiter. Wie sollte man sich verhalten, um eine Unterkühlung zu vermeiden, wenn man in kaltem Wasser treibt? Sollte man sich möglichst still verhalten oder lieber kräftig strampeln, um sich „warm zu halten"?

26 Brennbare Gase entzünden sich erst, wenn sie auf die so genannte Zündtemperatur erhitzt werden.
a) Das Gas aus dem Gasbrenner wird oberhalb des Kupfernetzes angezündet. Warum dringt die Flamme nicht durch das Netz hindurch (Abb. ➤ 3)?
b) Stülpe ein großes Glas über ein brennendes Teelicht. Was beobachtest du?
c) In Bergwerkstollen befinden sich manchmal brennbare Gase. Wenn sie durch eine Flamme entzündet werden, kann es zu einer explosionsartigen Verbrennung kommen. Um solche „schlagenden Wetter" zu vermeiden, benutzten die Bergleute früher Sicherheitslampen (Abb. ➤ 4). Erkläre ihre Funktionsweise. Überlege auch, warum die Flamme nicht einfach rundherum von Glas eingeschlossen wird.

3

4 Sicherheitslampe

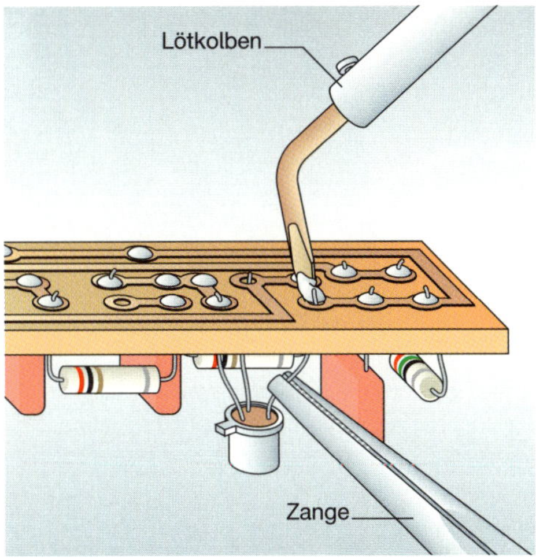

1 Einlöten von elektronischen Bauteilen

2 Wasserkochen im Papierbecher

27 Oft hört man folgende Redeweisen:
a) Es soll keine Kälte eindringen.
b) Wärme steigt immer nach oben.
Kannst du erklären, was genau gemeint ist und die Sachverhalte mit den gelernten Begriffen richtig wiedergeben?

28 Warum ist das Eisfach in einem Kühlschrank stets oben eingebaut?

29 Unfallopfer, die einen Schock erlitten haben, müssen warm gehalten werden. Dazu dient bei der ersten Hilfe eine dünne verspiegelte „Rettungsfolie" (Abb. ➤ 5). Erkläre deren Wirkung!

5 „Rettungsfolie"

An manchen Orten wird es nie richtig dunkel. Unzählige Lichter erhellen die Nacht.
Versuche einmal zusammenzustellen, wofür bei dir zu Hause elektrischer Strom gebraucht wird.
Könnten wir heute wohl ganz ohne Elektrizität auskommen?
Kann ein Auto ohne Elektrizität fahren?

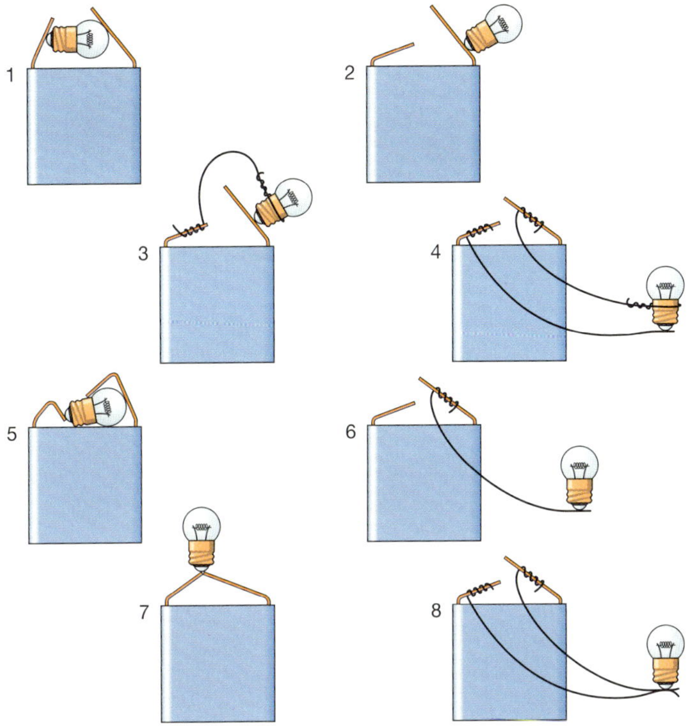

1 Ein Glühlämpchen soll zum Leuchten gebracht werden.

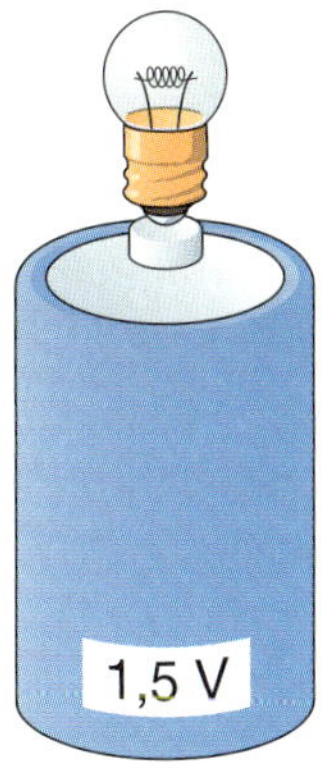

2

V1 *Führe die Versuche 1 bis 8 in Abb.* ➤*1 durch und stelle fest, wann das Lämpchen leuchtet. Bei den Versuchen 7 und 8 kann sich die Batterie rasch entleeren; deshalb solltest du diese Versuche nur kurzzeitig durchführen.*

V2 *Versuche das Lämpchen wie in Abb.* ➤*2 zum Leuchten zu bringen. Du brauchst zusätzlich einen Draht.*

V3 *Schließe 2 Lämpchen an eine einzige Flachbatterie an. Benutze dabei kein zusätzliches Kabel!*

Montag, 8. 1. 2001, 1,20 DM - MG - Nr. 6

MÖNCHENGLADBACH

Tod im Trafo-Häuschen

16-Jähriger starb durch 10 000-Volt-Schlag

Mönchengladbach. Beim Herumklettern in einer stillgelegten Tuchfabrik an der Eickener Straße ist gestern ein 16-Jähriger von einem Stromschlag getötet worden. Der Teenager und sein 17-jähriger Freund hatten versucht, in ein gesichertes Trafo-Häuschen zu gelangen. Mit einem Holzbalken brachen sie aus dem Mauerwerk Steine heraus, um einen schmalen Zugang zu schaffen. Als der Jugendliche mit dem Kopf zuerst in den Metallkasten hineinkroch, berührte er ein Bandmetall mit 10 000 Volt Hochspannung. **Seite 7**

3

Unsere Sinne können feststellen, ob etwas warm oder kalt, fest oder weich, hell oder dunkel ist. Sie können uns auch vor Gefahren warnen und dadurch vor Schaden bewahren. Für den elektrischen Strom besitzen wir kein solches Warngefühl. Deswegen müssen wir mit elektrischem Strom sorgsam umgehen und jede Warnung vor elektrischem Strom beachten.

Benutze nie den elektrischen Strom direkt aus der Steckdose! Hantiere nie mit Werkzeugen oder anderen Gegenständen an elektrischen Quellen, auch nicht an Leitungen und Geräten, die mit diesen Quellen verbunden sind.

Anschließen von elektrischen Geräten

Michaela ist sauer: Ihr Bruder Jens hatte sich ihren tragbaren CD-Spieler ausgeliehen. Und nun sind die Akkus leer! Die Mutter beruhigt sie: „Nimm dir doch solange eines von den Netzgeräten. Damit läuft der Discman auch."

In der Tat kann man einen tragbaren CD-Spieler nicht nur mit Batterien oder Akkus betreiben, sondern auch mit Netzgeräten. Doch ist jedes Netzgerät geeignet?

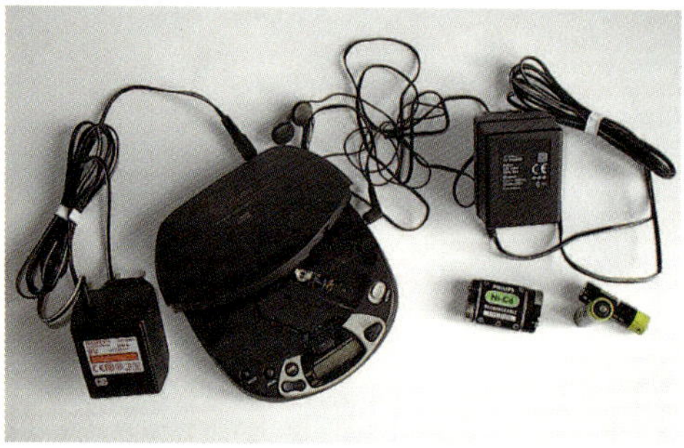

Grundwissen

Elektrische Geräte und ihre Anschlussstellen

Um ein Lämpchen zum Leuchten zu bringen, muss es an eine ***elektrische Quelle*** (z. B. eine Batterie) angeschlossen werden. Dazu besitzen das Glühlämpchen und die elektrische Quelle je zwei Anschlussstellen. Bei elektrischen Quellen nennt man sie häufig Pole; die Symbole „+" und „–" an der Batterie bezeichnen den ***Plus***- und den ***Minuspol***. Bei einer Babyzelle bilden die Metallkappe und die Bodenfläche die Pole; bei einer Flachbatterie sind es die beiden Metallstreifen.

Akku, Dynamo, Solarzelle und Steckdose sind ebenfalls Beispiele für elektrische Quellen.
Mit ihnen kann man nicht nur Lampen betreiben, sondern auch andere ***elektrische Geräte***, wie z. B. Klingel, Radio, Staubsauger, Waschmaschine usw.

Abb. ➤1 zeigt, wie elektrische Geräte an elektrische Quellen angeschlossen werden: Beim Glühlämpchen bilden der Fußkontakt und das Gewinde die Anschlussstellen. Jede dieser beiden Anschlussstellen muss mit einem Pol der Quelle verbunden werden. Dies kann direkt oder über Kabel geschehen. Genauso werden auch andere elektrische Geräte angeschlossen. Insbesondere hat auch der Klinkenstecker am Netzgerät des tragbaren CD-Spieler zwei Anschlussstellen; eine liegt innen, die andere außen.

> Elektrische Quellen und Geräte haben jeweils zwei Anschlussstellen. Will man ein elektrisches Gerät in Betrieb nehmen, so muss man jede seiner Anschlussstellen mit je einem Pol der elektrischen Quelle verbinden.

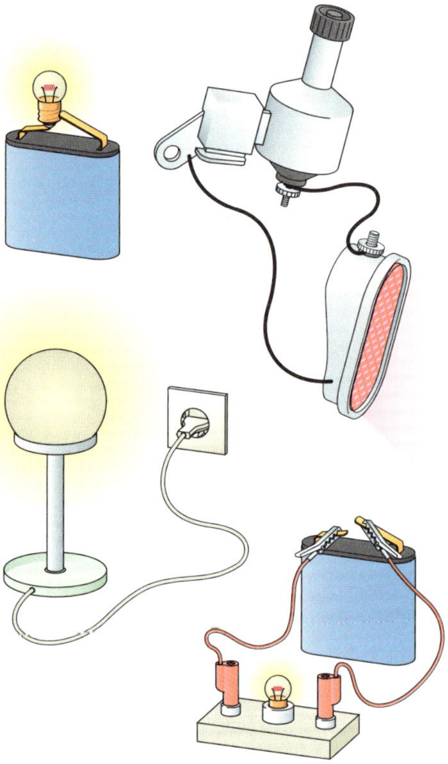

1 Elektrische Geräte können direkt oder über Kabel angeschlossen werden.

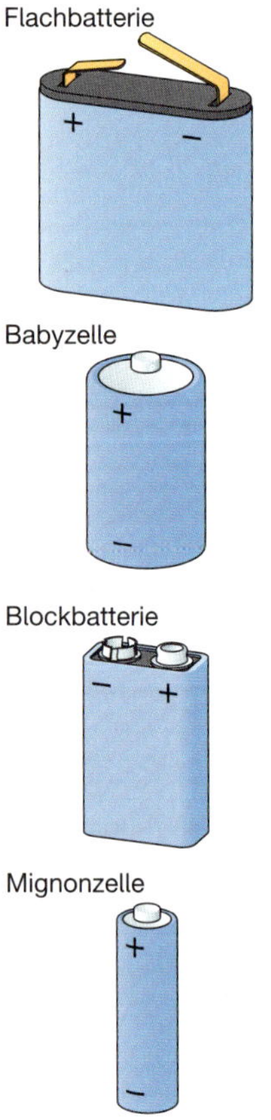

2 Einige Batterietypen: der Umgang mit diesen Batterien ist ungefährlich.

Fragen

1 Nenne fünf elektrische Geräte bei dir zu Hause. Mit welcher elektrischen Quelle werden sie jeweils betrieben?

2 Bei einigen elektrischen Geräten kann man wählen, ob man sie zum Betrieb an eine Steckdose anschließt oder ob man sie mit Batterien betreibt. Welchen Vorteil hat das?

Grundwissen

Fragen stellen.

↓

Versuche planen und durchführen.

↓

Beobachtungen notieren.

↓

Ergebnisse deuten.

↓

Fragen beantworten.

Jedes Gerät an die richtige Quelle

Wir schließen ein Lämpchen mit der Aufschrift 3,8 V zunächst an eine Baby- oder Mignonzelle, dann an eine Flachbatterie und schließlich an eine Blockbatterie an. Dasselbe Lämpchen leuchtet bei den unterschiedlichen Batterien verschieden hell: Bei der Babyzelle leuchtet es kaum. Dagegen leuchtet es bei der Blockbatterie sehr hell und ist nach einigen Minuten durchgebrannt (Abb. ➤ 1).

Versuche mit unterschiedlichen elektrischen Quellen und verschiedenen elektrischen Geräten zeigen: Nicht jedes elektrische Gerät kann mit jeder elektrischen Quelle betrieben werden. Wenn man dies nicht beachtet, können elektrische Geräte sogar durch elektrische Quellen zerstört werden.

Wie kann man sicherstellen, dass elektrische Quellen und Geräte zueinander passen? Auf elektrischen Quellen und auch auf den Geräten befinden sich häufig Angaben über eine ***Nennspannung*** in der Einheit ***Volt***. Eine Flachbatterie von 4,5 V (gelesen: 4,5 Volt) kann eine 3,8 V-Glühlampe betreiben. Hat die Nennspannung auf der Batterie dagegen einen deutlich kleineren Wert als 4,5 V, so leuchtet die Lampe kaum oder gar nicht; ist sie erheblich größer als 4,5 V, so brennt die Lampe durch.

Auch ein 230 V-Toaster funktioniert nicht, wenn er an eine 9 V-Blockbatterie angeschlossen wird. Umgekehrt würde ein 9 V-Glühlämpchen platzen, wenn man es an die 230 V-Steckdose anschließen würde.

Versuche mit der 230 V-Steckdose darf ***nur der Lehrer*** durchführen!

> Die Nennspannungen von elektrischem Gerät und elektrischer Quelle müssen (nahezu) übereinstimmen.

Die Nennspannung einer elektrischen Quelle gibt auch an, ob sie gefährlich für den Menschen ist. Batterien und Akkus besitzen normalerweise Nennspannungen zwischen 1,5 V und 9 V. Sie sind gefahrlos für den Menschen.

Dagegen können elektrische Quellen mit Nennspannungen über 24 V lebensgefährlich sein! Insbesondere kann das Experimentieren mit der Steckdose tödliche Folgen haben. Deswegen darf man auch nie mit Werkzeugen oder anderen Gegenständen an Steckdosen hantieren, auch nicht an Leitungen und Geräten, die mit diesen verbunden sind.

Gefahrenzeichen für hohe Nennspannungen

1 Welche Batterie passt zur Glühlampe?

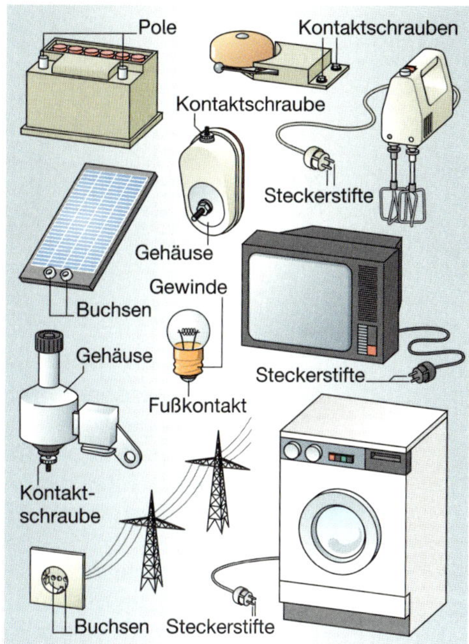

2 Elektrische Quellen und Geräte

Fragen

1 Welches Gerät in Abb. ➤ 2 kann mit welcher elektrischen Quelle betrieben werden? Wo sind die Anschlussstellen?

2 Welche der elektrischen Quellen in Abb. ➤ 2 können gefährlich sein?

Ein- und Ausschalten von elektrischen Geräten

Brachi denkt nach: „Immer die Glühlampen kaputtschlagen? Da muss es doch eine einfachere Möglichkeit geben, das Licht aus und wieder an zu machen, denn mein Vorrat an Glühlampen ist irgendwann zu Ende." Kannst du ihm helfen?

Grundwissen

Der geschlossene Stromkreis

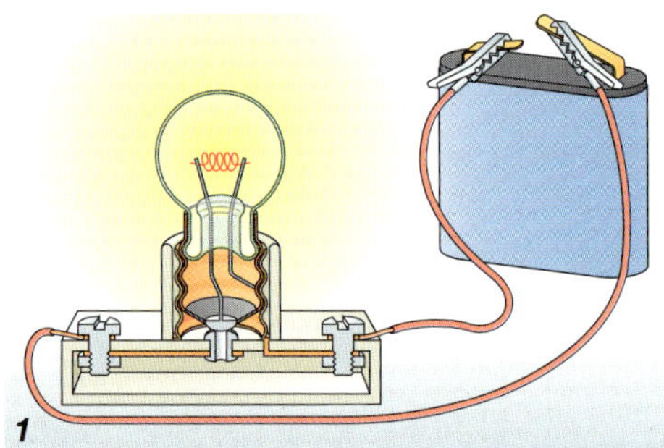

1

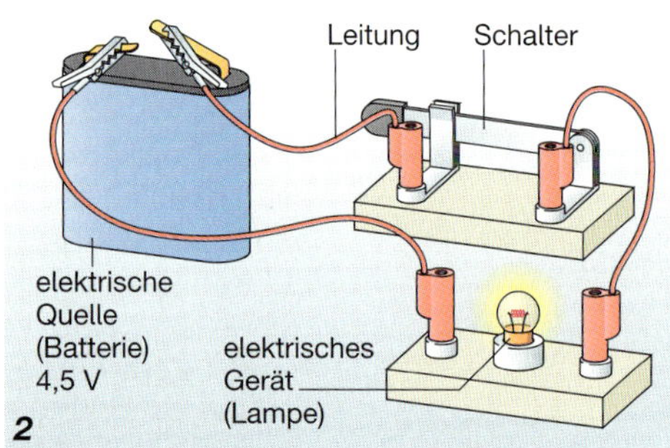

2

Abb. ➤ 1 zeigt einen ***geschlossenen elektrischen Stromkreis***. Nur wenn eine durchgehende Verbindung von einem Pol der elektrischen Quelle zum anderen Pol der elektrischen Quelle besteht, leuchtet das Lämpchen, es ist Strom vorhanden.

Einen elektrischen Stromkreis kann man an vielen Stellen unterbrechen. Will man dies gefahrlos und auf bequeme Art und Weise an einer bestimmten Stelle des elektrischen Stromkreises tun, so benötigt man einen ***Schalter*** (Abb. ➤ 2). Mit ihm kann die Verbindung auch genau so einfach wieder hergestellt werden.
Nun kann man nach Belieben mit dem Schalter den elektrischen Stromkreis öffnen, schließen, wieder öffnen, schließen, ohne dass sonst irgendetwas verändert wird.

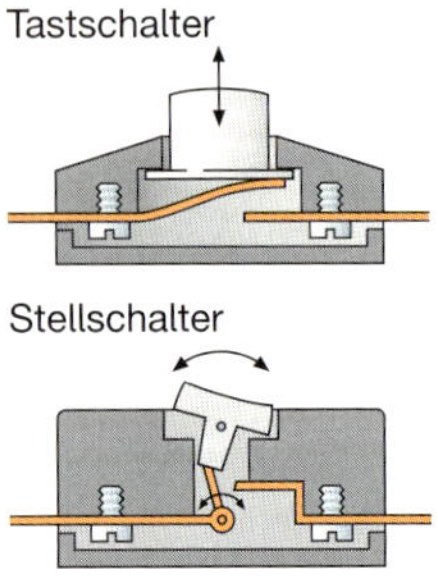

3 Schalter

> Mit einem Schalter lässt sich ein elektrischer Stromkreis öffnen oder schließen. Ein elektrisches Gerät kann man nur in einem geschlossenen Stromkreis betreiben.

Ist der Stromkreis geschlossen, so ist überall im Stromkreis (d. h. in den Leitungen, im elektrischen Gerät, ...) elektrischer Strom vorhanden. Man sagt auch, der elektrische Strom fließt oder man hat den elektrischen Strom eingeschaltet.

Die Schalter in Wohnräumen sehen anders aus als der Experimentierschalter in Abb. ➤ 2. Bei diesem kann man mit den Anschlüssen in Berührung kommen. Das darf aber bei elektrischen Stromkreisen, die dem Menschen gefährlich werden können, auf gar keinen Fall geschehen. Der Stromkreis muss sich gefahrlos öffnen und schließen lassen. Abb. ➤ 3 zeigt Schalter, bei denen das gewährleistet ist.

Fragen

1 Verfolge den geschlossenen Stromkreis in Abb. ➤ 1 ganz genau.

2 Welcher wichtige Unterschied besteht zwischen den Schaltern der Abb. ➤ 3?

Von der Schaltung zum Schaltplan

Du sollst einen Versuch aufbauen, bei dem ein kleiner Elektromotor mit einem Schalter ein- und ausgeschaltet wird. Deine Lehrerin oder dein Lehrer kann dir den fertigen Versuchsaufbau zeigen oder dir ein Foto geben (Abb. ➤ 1).

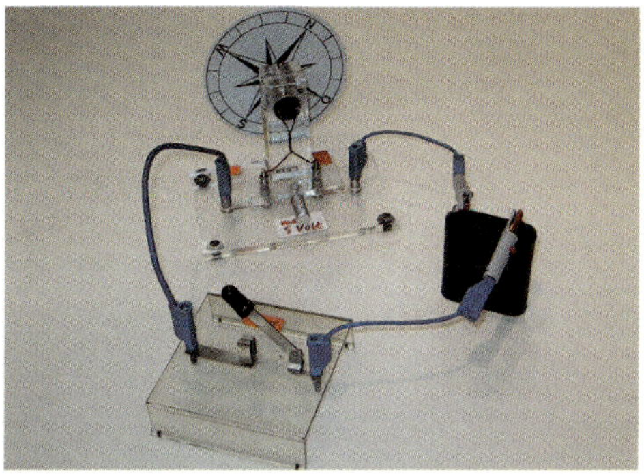

1 Versuchsaufbau

Nun kann es sein, dass du nicht genau den gleichen Motor oder nicht den gleichen Schalter zur Verfügung hast. Darauf kommt es aber für den Versuch nicht an. Es muss nur sichergestellt sein, dass der Motor an der Batterie betrieben werden kann und dass der Schalter ein einfacher Ein- und Ausschalter mit zwei Anschlüssen ist. Daher reicht auch eine Zeichnung für deinen Versuchsaufbau (Abb. ➤ 2).

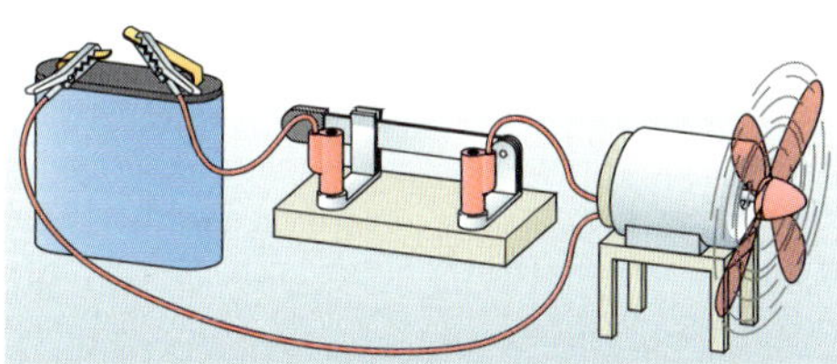

2 Zeichnung des Versuchsaufbaus

Diese Zeichnung zeigt dir, wie die einzelnen Bestandteile zu einer Schaltung miteinander verbunden werden. Dazu genügt sogar eine noch viel einfachere Zeichnung: ein ***Schaltplan*** (Abb. ➤ 3).

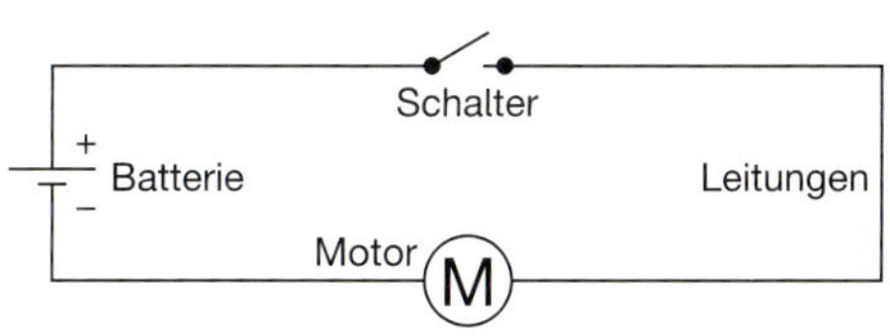

3 Schaltplan

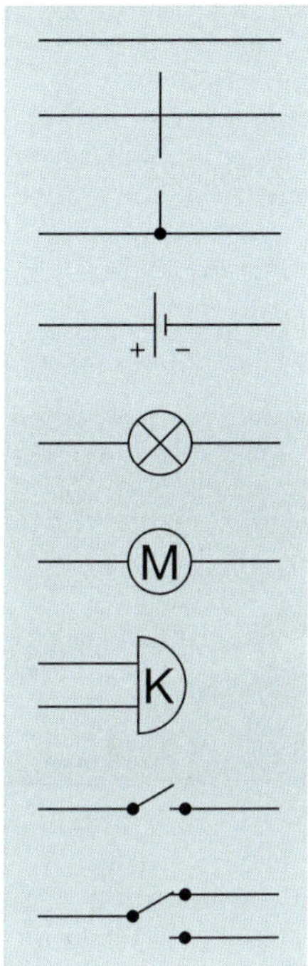

4 Schaltzeichen

Ein Schaltplan gibt einen Überblick darüber, wie die Bauteile in einer elektrischen Schaltung miteinander verbunden sind.

In einem Schaltplan verwendet man bestimmte festgelegte Zeichen für die Bauteile (Abb. ➤ 4). Die Verbindungen zeichnet man grundsätzlich mit dem Lineal. Dabei laufen die Leitungen parallel oder senkrecht zueinander.

Zeichne Schalpläne und baue folgende Schaltungen auf:

V1 Der Motor befindet sich weit entfernt von der Batterie. Der Schalter soll sich in der Nähe des Motors befinden.

V2 Eine Glühlampe ist weit entfernt von der Batterie. Der Schalter soll sich in der Nähe der Batterie befinden.

Fragen

1 Überlege, wo eine Schaltung nach ***V1*** oder nach ***V2*** angewendet werden kann.

2 Ordne den Schaltzeichen in Abb. ➤ 4 die richtige Bezeichnung zu: Klingel, Motor, Leitung, Glühlampe, zwei Leitungen mit Verbindung, Taster, zwei Leitungen ohne Verbindung, Batterie, Umschalter.

3 Was ist an den Schaltplänen in Abb. ➤ 5 nicht in Ordnung?

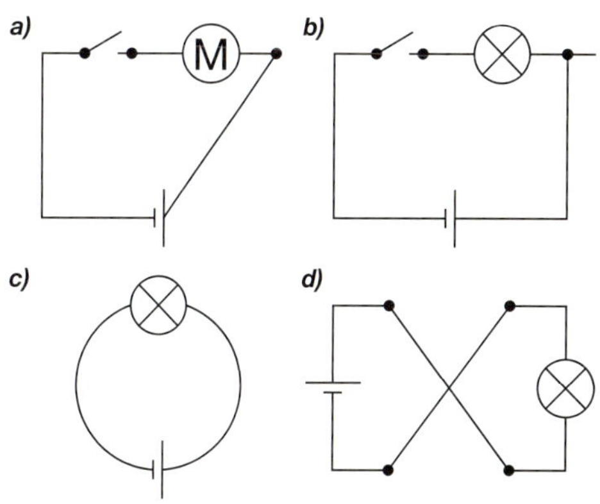

5 Fehlerhafte „Schaltpläne“

Leiter und Isolatoren

Schülerinnen haben ein Geschicklichkeitsspiel gebaut, bei dem man den Ring an dem Handgriff so bewegen soll, dass der gebogene Draht hindurchgeht. Sobald man mit dem Metallring den gebogenen Draht berührt, tönt die Klingel und man hat das Spiel verloren. Gewonnen hat man, wenn man es schafft, dem Verlauf des gebogenen Drahtes zu folgen, ohne dass die Klingel ertönt. Der Lehrer deckt das Spiel kurz mit einem Tuch zu, um es zu „verzaubern“ und gewinnt anschließend immer. Hast du eine Idee, welche Veränderung an dem Spiel vorgenommen wurde?

Grundwissen

leitet gut

Silber
Kupfer
Aluminium
Eisen
Konstantan
Graphit
Säuren
Laugen
Salzlösung
Leitungswasser
feuchte Erde
nasses Holz
destilliertes Wasser
Benzin, Öl
Luft
Papier
Wolle
Glas, Gummi
Porzellan

leitet nicht

2 Leiter und Isolatoren

Gute und schlechte elektrische Leiter

Nicht mit allen Stoffen kann man einen elektrischen Stromkreis herstellen.

V1 Um zu untersuchen, ob ein Material dazu geeignet ist, baut man eine Probe davon in die Prüfstrecke eines Stromkreises ein (Abb. ➤ 1). Wenn die Glühlampe leuchtet, kann man schließen, dass die Probe den elektrischen Strom leitet. Metalle und die aus Graphit bestehende Bleistiftmine leiten den elektrischen Strom. Diese Stoffe bezeichnet man als ***Leiter***.
Verbindet man dagegen die Klemmen mit dem Holz des Bleistiftes, leuchtet die Glühlampe nicht. Daraus können wir zumindest schließen, dass Holz den elektrischen Strom sehr viel schlechter leitet als Graphit. Wir können nicht behaupten, dass in Holz gar kein elektrischer Strom vorhanden ist, denn der Strom könnte so schwach sein, dass die Glühlampe nicht leuchtet. Für genauere Untersuchungen verwendet man daher Strommessgeräte. Abb. ➤ 2 fasst die Ergebnisse solcher Untersuchungen zusammen. Sehr schlechte Leiter werden auch als ***Isolatoren*** (Nichtleiter) bezeichnet.

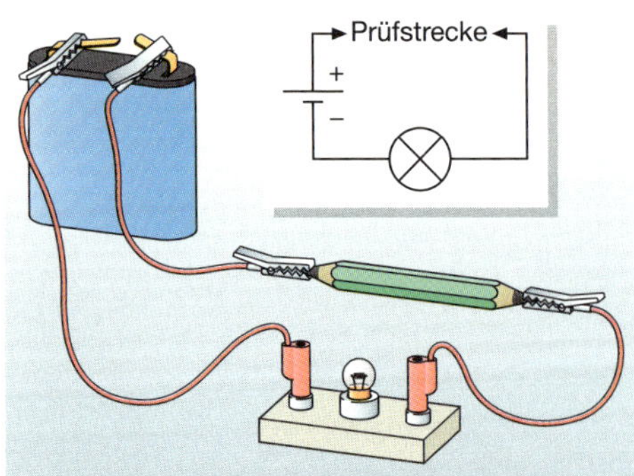

1 Untersuchung einer Bleistiftmine

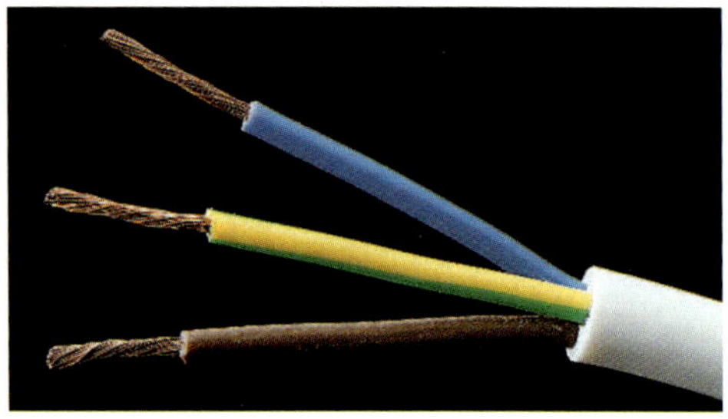

3 Elektrokabel

> Metalle sind gute elektrische Leiter; Porzellan, Glas, Gummi und viele Kunststoffe sind sehr schlechte Leiter, sie sind gute Isolatoren.

Wie gut ein Gegenstand leitet, hängt nicht nur von seinem Material, sondern auch von seiner Form ab. So leiten kurze, dicke Drähte den elektrischen Strom besser als lange, dünne Drähte.

Gute Leiter benötigt man für die Verbindungen in einem elektrischen Stromkreis. Gute Isolatoren sorgen dafür, dass der elektrische Strom den vorgesehenen Weg beibehält und wir so beim Berühren keinen Schaden nehmen (Abb. ➤ 3).

Fragen

1 Wo hast du schon Isolatoren gesehen?

2 Angenommen, jeder Stoff würde den elektrischen Strom leiten …

Was ist elektrischer Strom?

1 Vor und hinter der Glühlampe ist der elektrische Strom gleich.

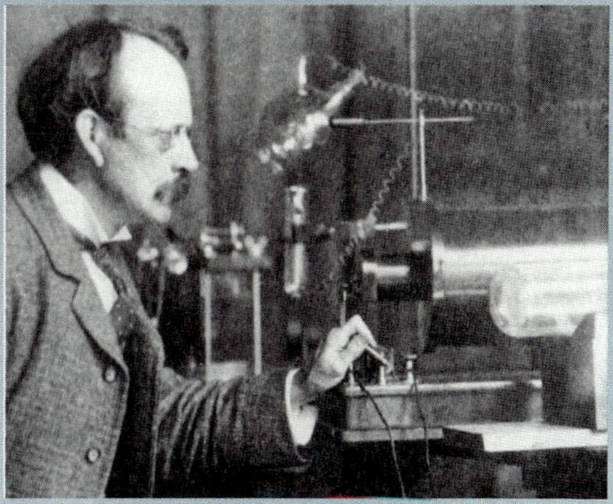

4 J. J. Thomson

Man benötigt stets einen geschlossenen Stromkreis für einen elektrischen Strom. In Abb. ➤ 1 sind in den einfachen elektrischen Stromkreis noch zwei Strommesser an unterschiedlichen Stellen eingebaut.
Die Strommesser zeigen: Entweder ist nirgendwo Strom vorhanden (Schalter geöffnet) oder es ist überall der gleiche Strom vorhanden (Schalter geschlossen). Wo gibt es etwas Vergleichbares?

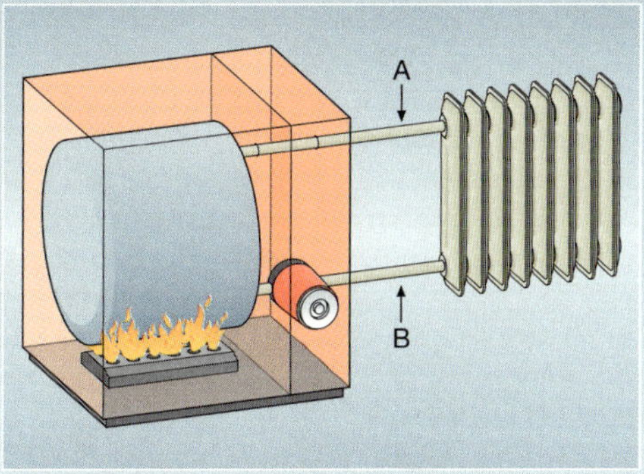

2 Wasserkreislauf einer Heizung

Beim Wasserkreislauf einer Heizung läuft Wasser ständig im Kreis herum (Abb. ➤ 2). Nur so kann Energie vom Heizkessel zum Heizkörper transportiert werden. Überall in der Leitung ist Wasser unterwegs. Der Wasserstrom ist an jeder Stelle gleich groß (zum Beispiel bei A und B). Unterbricht man den Wasserstrom, indem man den Heizkörper abdreht, so ist überall Stillstand.

Abb. ➤ 3 passt zum Wasserkreislauf, könnte aber auch den elektrischen Stromkreis darstellen, falls dort auch irgendetwas herumströmt.

Nur leider können wir das nicht sehen! Heute weiß man aber, dass es winzige Elektrizitätsteilchen, Elektronen, gibt, die sich durch Leitungen hindurchbewegen können.
Dabei müssen sie sich noch nicht einmal besonders schnell bewegen, denn wichtig ist nur, dass sie sich überall sofort in Bewegung setzen, wenn der elektrische Stromkreis geschlossen wird. In Metallen gibt es besonders viele Elektronen, die an dem Rundlauf teilnehmen können. Daher leiten Metalle so gut. Im Isolator gibt es kaum bewegliche Elektronen.
Vor gut 100 Jahren wurden die Elektronen von dem Engländer J. J .Thomson entdeckt (Abb. ➤ 4).
Elektronen sind nicht nur im elektrischen Stromkreis wichtig. Sie können sich auch außerhalb metallischer Leiter, z. B. in einer fast luftleeren Fernsehbildröhre, bewegen. Dazu werden sie zunächst aus einem glühenden Metalldraht im Inneren der Röhre freigesetzt. Nachdem sie gebündelt und beschleunigt wurden, treffen sie als Elektronenstrahl auf eine Leuchtschicht und können diese an der Auftreffstelle zum Leuchten bringen.

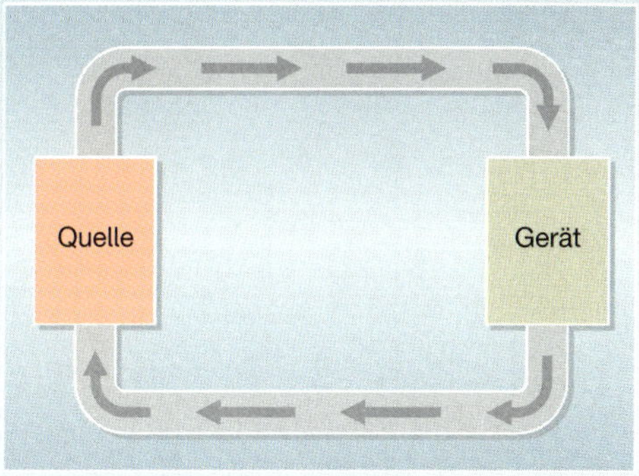

3 Schema zum Wasserkreislauf und zum elektrischen Stromkreis

raz Köln, 18. Februar

Tödliches Spiel in der Badewanne

Zwei Geschwister im Alter von fünf und sechs Jahren starben in Köln-Mülheim an einem tödlichen Schlag in der Badewanne. Wie die Polizei mitteilte, hatte die Mutter das Bad für kurze Zeit verlassen, als eines der Mädchen den eingeschalteten Föhn mit in die Wanne nahm, um seiner Schwester die Haare zu trocknen. Dabei fiel ihr wohl der Trockner aus der Hand ins Wasser. Die Kinder waren sofort tot. Der Verband Deutscher Elektrotechniker (VDE) und die Polizei nahmen dieses Unglück zum Anlass, erneut auf die großen Gefahren hinzuweisen, wenn Wasser und elektrischer Strom einander begegnen. Häufig sind es Leichtsinn und Unwissenheit die zu tödlichen Unfällen führen.

Grundwissen

Fragen stellen.
↓
Versuche planen und durchführen.
↓
Beobachtungen notieren.
↓
Ergebnisse deuten.
↓
Fragen beantworten.

Flüssigkeiten als elektrische Leiter

In dem oben abgedruckten Zeitungsausschnitt wird davor gewarnt, elektrische Geräte wie den Föhn in der Nähe der Badewanne zu benutzen. Anscheinend leitet Wasser den elektrischen Strom. Gilt dies auch für andere Flüssigkeiten?

V1 Zwei Kohlestäbe, die ohne sich zu berühren in eine Flüssigkeit eintauchen, sind über ein Strommessgerät mit einer elektrischen Quelle leitend verbunden (Abb. ➤ 1). Mit dieser Schaltung untersucht man bei verschiedenen Flüssigkeiten, ob sie den elektrischen Strom leiten.

Die Versuche ergeben, dass Leitungswasser, Säfte, Säuren und Laugen elektrische Leiter sind. Öl, Spiritus und destilliertes Wasser (das ist besonders reines Wasser) leiten dagegen den elektrischen Strom nur schlecht.

Leitungswasser, Säuren, Laugen und Säfte sind elektrische Leiter; reines Wasser, Öl und Spiritus dagegen nicht.

Leitet Luft den elektrischen Strom?

V2 Befindet sich statt einer Flüssigkeit wie in Versuch 1 nur Luft zwischen den Stäben, so zeigt das Messgerät keinen Strom an, selbst wenn man die Stäbe bis auf 1 mm nähert. Offensichtlich ist die uns umgebende trockene Luft ein schlechter Leiter. Gase leiten unter normalen Bedingungen den Strom nicht.

V3 Erhöht man die Spannung der elektrischen Quelle in der obigen Versuchsanordnung und bringt die Stäbe sehr nahe aneinander, dann sieht man einen Funken und einen Ausschlag des Messgerätes. Unter bestimmten Bedingungen, z. B. bei sehr starken elektrischen Quellen, bei sehr geringen Abständen oder bei verdünnten Gasen werden die Luft, aber auch andere Gase recht gute elektrische Leiter. So bilden beim Gewitter die Wolken untereinander oder mit der Erde sehr starke elektrische Quellen (Abb. ➤ 2). Bei einem Blitz fließt für eine kurze Zeit ein gewaltiger Strom, der unter Umständen zu schweren Schäden führen kann.

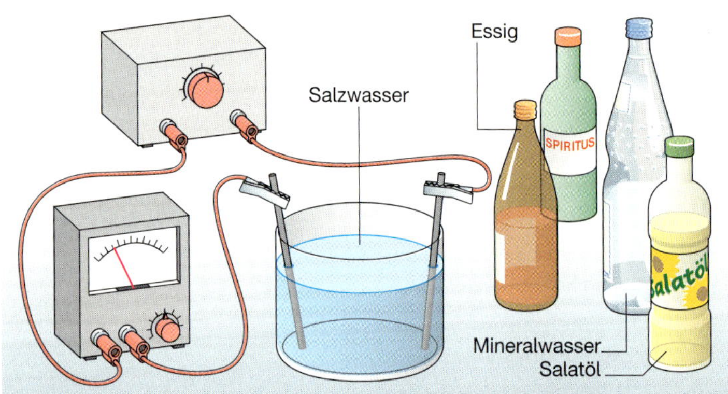

1 Welche der Flüssigkeiten leitet den elektrischen Strom?

2 Bei einem Blitz fließt ein gewaltiger Strom.

Werkstatt

Wir schreiben ein Versuchsprotokoll

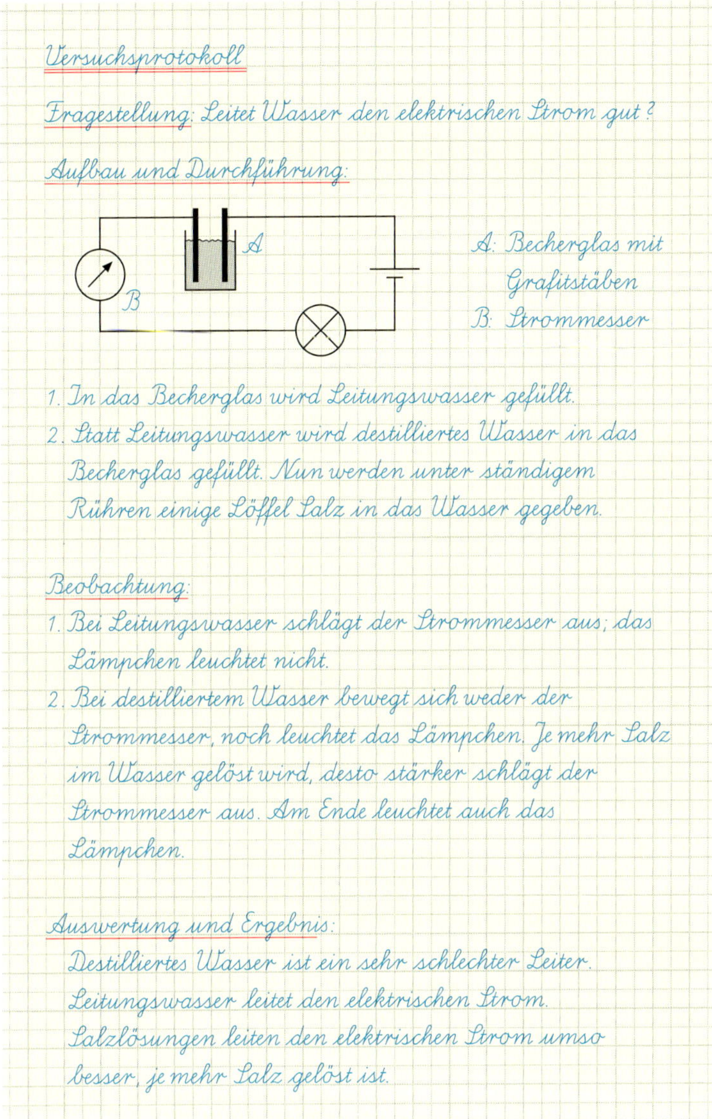

Versuchsprotokoll

Fragestellung: Leitet Wasser den elektrischen Strom gut?

Aufbau und Durchführung:

1. In das Becherglas wird Leitungswasser gefüllt.
2. Statt Leitungswasser wird destilliertes Wasser in das Becherglas gefüllt. Nun werden unter ständigem Rühren einige Löffel Salz in das Wasser gegeben.

Beobachtung:

1. Bei Leitungswasser schlägt der Strommesser aus; das Lämpchen leuchtet nicht.
2. Bei destilliertem Wasser bewegt sich weder der Strommesser, noch leuchtet das Lämpchen. Je mehr Salz im Wasser gelöst wird, desto stärker schlägt der Strommesser aus. Am Ende leuchtet auch das Lämpchen.

Auswertung und Ergebnis:

Destilliertes Wasser ist ein sehr schlechter Leiter. Leitungswasser leitet den elektrischen Strom. Salzlösungen leiten den elektrischen Strom umso besser, je mehr Salz gelöst ist.

1 Beispiel für ein Versuchsprotokoll

2 Wie gut leitet Erde? ***a)*** Versuchsaufbau ***b)*** Schaltskizze

Bei einer Konferenz oder einem Klassenpflegschaftsabend hält man in einem Protokoll Verlauf und Ergebnisse der Sitzung fest. Auch in der Physik werden häufig alle wichtigen Punkte eines Versuchs in einem ***Versuchsprotokoll*** festgehalten. Betrachte dazu folgendes Beispiel:

Leitet Wasser den elektrischen Strom?

Mit der Anordnung von Abb. ➤ 1 auf der vorhergehenden Seite können wir untersuchen, ob Leitungswasser den elektrischen Strom leitet. In den Stromkreis wird ein Lämpchen und ein Strommesser eingebaut. Wie der Versuch vor sich geht, was man beobachtet und was sich ergibt, kannst du dem Beispielprotokoll entnehmen (Abb. ➤ 1). Aus ihm kannst du auch den Aufbau eines Protokolls ersehen:

1. Fragestellung: Was soll untersucht werden?
2. Aufbau und Durchführung: Wie ist der Versuch aufgebaut? Fertige eine Skizze an. Welche einzelnen Schritte werden beim Versuch durchgeführt?
3. Beobachtung: Was stellt man bei den einzelnen Schritten fest? Hier wird nur notiert, was man bei der Durchführung des Versuchs wahrnimmt (sieht, riecht …) bzw. was man misst. Dazu legt man häufig eine Tabelle an.
4. Auswertung und Ergebnis: Wie lassen sich die Beobachtungen erklären oder deuten? – Welche Antwort ergibt sich auf die Ausgangsfrage?

Zum Üben: Wie gut leitet Erde?

Bei Topfblumen kommt es aufs richtige Gießen an. Wenn man ihnen zu viel Wasser gibt, können sie „ertrinken“, gibt man zu wenig, dann können sie verwelken. Mit der Anordnung (Abb. ➤ 2) kannst du die Leitfähigkeit von Erde untersuchen und daraus Aussagen über ihre Feuchtigkeit gewinnen. Ein Versuchsprotokoll könnte so beginnen:
Aufbau: Zeichnung wie in Abb. ➤ 2!
Durchführung: Man misst zunächst bei trockener Erde. Dann gibt man nacheinander jeweils zwei Löffel Wasser gleichmäßig über die Erde, liest jedes Mal die Anzeige des Messgerätes ab und notiert die Werte in einer Tabelle.
Führe den Versuch durch und vervollständige das Protokoll.

Strom bei Mensch und Tier

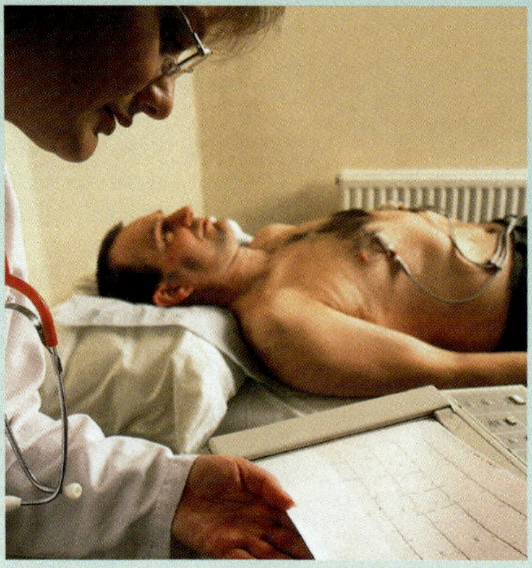

1 Aufzeichnung der Herzströme (EKG)

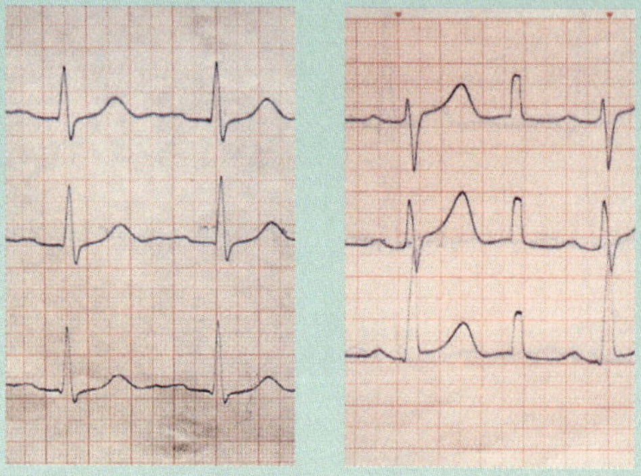

2 EKG: links gesundes, rechts krankes Herz

Vielleicht glaubst du, dass elektrischer Strom nur in der Technik eine Rolle spielt. Doch auch im Körper von Mensch und Tier spielt der elektrische Strom eine wichtige Rolle.

Wie kommt es, dass du einen Ball, der auf dich zufliegt, fangen kannst? Alles, was du siehst, wird in den Sehzellen der Augen in elektrische Signale umgewandelt und durch die Nerven zum Gehirn geleitet. Dort werden die Signale ausgewertet und das Gehirn steuert dann ebenfalls über elektrische Signale, die von den Nerven transportiert werden, die verschiedenen Muskeln.

Manche Organe, wie zum Beispiel das Herz, steuern sich über elektrische Ströme selbst. Ein Arzt kann diese Ströme messen, aufzeichnen und daran erkennen, ob das Herz gesund ist (Abb. ➤ 1). Diese Aufzeichnung wird in der Medizin Elektro-Kardiogramm (EKG) genannt (Abb. ➤ 2). Heute kann die Medizin Menschen mit Herzproblemen oft durch einen Herzschrittmacher helfen. Dieser ist ein elektrisches Gerät, welches die Herzströme überwacht und – falls erforderlich – im richtigen Takt unterstützt. Andererseits können Ströme von außen, z. B. bei einem Stromschlag, das Herz aus dem Takt bringen und damit lebensgefährlich sein.

Einige Tiere benutzen den elektrischen Strom sogar zur Orientierung und als Jagdwaffe. Es gibt 200 Arten von elektrischen Jagdfischen. Zitteraal (Abb. ➤ 3), Zitterrochen und Zitterwels haben besondere Organe (Abb. ➤ 4), die für kurze Zeit Spannungen bis zu 800 Volt und große Ströme erzeugen können. Die Stromstärke kann auch für Menschen lebensgefährlich sein.
Andere Fische wie Nilhecht, Hai oder Messeraal erzeugen elektrische Spannungen von nur einigen Millivolt. Mit speziellen Sinnesorganen können sie sich so auch in trüben und dunklen Gewässern orientieren.

3 Zitteraal: Die elektrischen Organe ziehen sich über 4/5 seiner Länge.

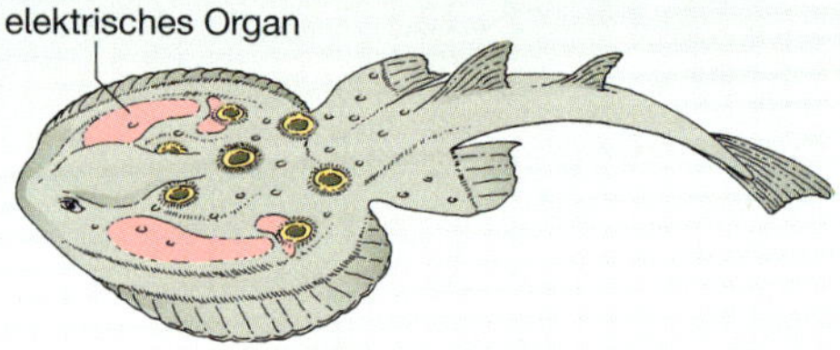

4 Das elektrische Organ beim Zitterrochen

Reihen- und Parallelschaltung

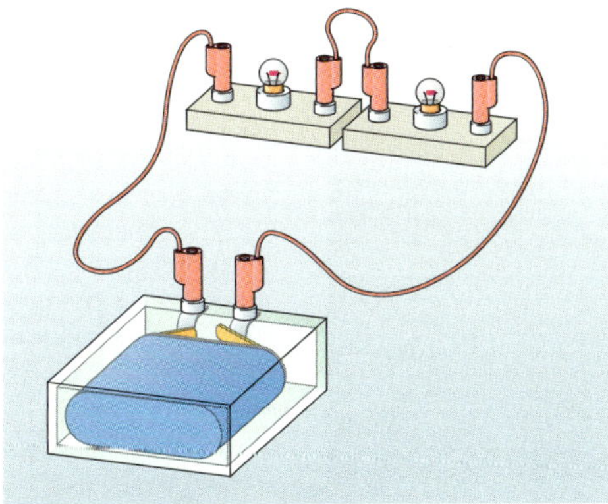

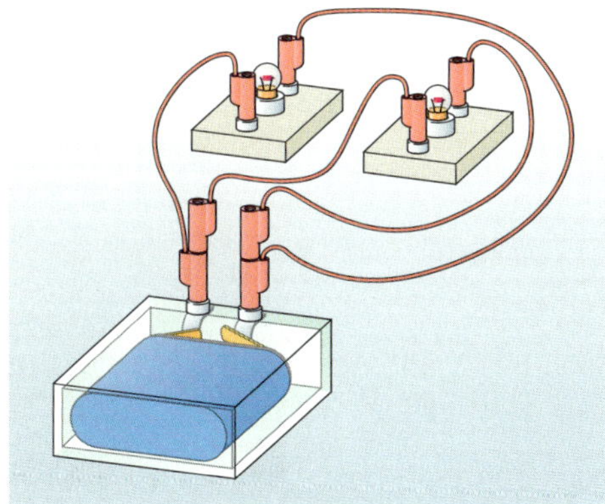

Steffi und Rudi erhalten beide die Aufgabe, mit einer Batterie zwei Lämpchen zum Leuchten zu bringen. Rudi sagt: „Kein Problem", und fängt sofort an, eine Schaltung aufzubauen.

Steffi hingegen überlegt einen Moment und verkabelt die Lämpchen mit der Batterie auf andere Weise als Rudi. Beide sind gespannt, in welcher Schaltung die Lämpchen heller leuchten. Probiere es selber aus!

Grundwissen

Aufgabe stellen.

Versuche planen und durchführen.

Beobachtungen notieren.

Aufgabenstellung beantworten.

Reihenschaltung

Rudi hat die zwei Lämpchen im gleichen Stromkreis nacheinander angeordnet. Eine solche Schaltung bezeichnet man als eine ***Reihenschaltung***. Ist ein Lämpchen defekt oder aus der Fassung gedreht, ist der Stromkreis unterbochen und es leuchtet kein Lämpchen mehr. Damit beide Lämpchen hell leuchten, muss die Batteriespannung ungefähr so groß sein wie die Nennspannungen der beiden Lämpchen zusammengenommen.
Im Alltag kommt eine Reihenschaltung zum Beispiel bei der Weihnachtsbaumbeleuchtung vor. Bei der Lichterkette (Abb. ➤ 1) sind siebzehn 13 V-Christbaumkerzen in Reihe geschaltet. Sie werden mit der Steckdose (230 V) betrieben.

Bei der Reihenschaltung liegen alle Geräte in einem einzigen Stromkreis. Schaltet man eines dieser Geräte aus, wird der Stromkreis unterbrochen.

Parallelschaltung

In Steffis Schaltung befindet sich jedes Lämchen in einem eigenen Stromkreis. Sie sind voneinander unabhängig. Die Stromkreise liegen nebeneinander. Deshalb spricht man hier von einer ***Parallelschaltung***. Ihr Vorteil ist, dass die Geräte unabhängig voneinander ein- und ausgeschaltet werden können. Die Batteriespannung ist ungefähr genauso groß wie die Nennspannung der einzelnen Lämpchen.
Im Alltag kommt die Parallelschaltung zum Beispiel bei der Beleuchtung vor. Bei den Halogenlampen in Abb. ➤ 2 werden die Spanndrähte gleichzeitig als Leiter benutzt. Dabei werden im Vergleich zu Steffis Schaltung Leitungen gespart.

Bei der Parallelschaltung hat jedes Gerät seinen eigenen Stromkreis. Jedes Gerät kann unabhängig von den anderen ein- und ausgeschaltet werden.

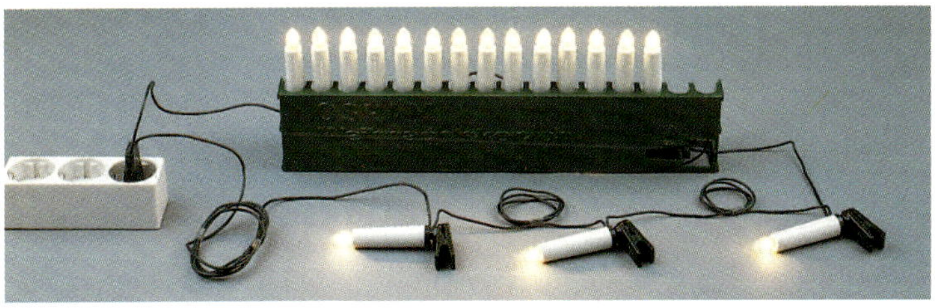

1 Lichterkette

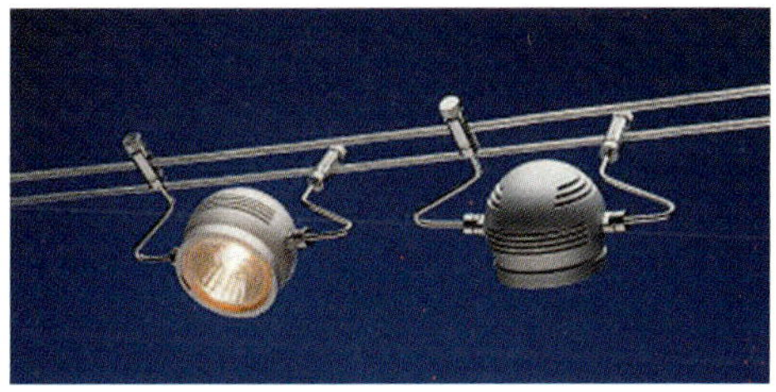

2 Halogenlampen

UND- und ODER-Schaltungen

An einem Samstagmorgen arbeitet der Vater von Fritz mit einer elektrischen Heckenschere. „Kann ich das auch einmal versuchen?" bettelt Fritz. „Die Arbeit ist viel zu schwer für dich, die Schere muss mit beiden Händen gehalten werden." meint sein Vater und legt die Heckenschere für einen Moment ab. Neugierig geht Fritz hin und drückt auf den Schalter. Die Schere bewegt sich nicht. Sein Vater lacht: „So einfach geht das nicht, die Heckenschere hat noch einen zweiten Schalter. Man kann mit ihr nur arbeiten, wenn beide Schalter gleichzeitig betätigt werden."
Warum wohl?

Grundwissen

Praktische Schaltungen mit Schaltern

Bei vielen elektrischen Geräten, z. B. bei der elektrischen Heckenschere, der Kettensäge oder einer Presse, werden ***Sicherheitsschaltungen*** benutzt. Sie sind wie die Schaltung in Abb. ➤ 1a aufgebaut. Um sich nicht zu verletzen, muss man z. B. bei der Heckenschere gleichzeitig mit jeder Hand einen Schalter betätigen. Die beiden Schalter liegen hintereinander, sie sind ***in Reihe geschaltet***.
Im Motor der Heckenschere ist nur dann elektrischer Strom, wenn Schalter S_1 ***und*** Schalter S_2 geschlossen sind.
Eine solche Schaltung heißt daher ***UND-Schaltung***.

> Bei einer UND-Schaltung liegen die Schalter in Reihe; hier müssen alle Schalter geschlossen sein, damit es zu einem elektrischen Strom kommt.

Bei einem Mehrfamilienhaus kann man die Wohnungsklingel mit einem Taster („Klingelknopf") sowohl an der Haus- als auch an der Wohnungstür betätigen (Abb. ➤ 2). Dazu sind die Tastschalter wie in der Schaltung von Abb. ➤ 1b ***parallel geschaltet***. Die Klingel ertönt, wenn mindestens einer der beiden Schalter, also S_1 ***oder*** S_2 oder auch beide, gedrückt werden. Wir sprechen daher von einer ***ODER-Schaltung***.

> Bei einer ODER-Schaltung liegen die Schalter parallel; damit es zu einem elektrischen Strom kommt, muss mindestens ein Schalter geschlossen sein.

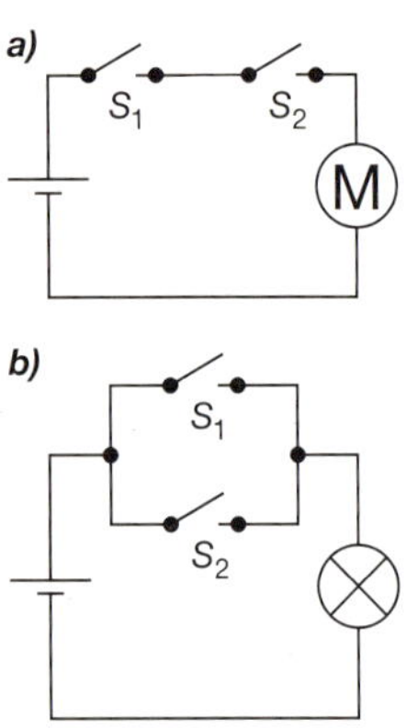

1 ***a)*** UND-Schaltung
b) ODER-Schaltung

2 Taster an der Haus- und Wohnungstür

Fragen

1 Warum sind in der Waschmaschine und der Mikrowelle UND-Schaltungen? Wo befinden sich die Schalter? Welche anderen Elektrogeräte im Haushalt haben eine UND-Schaltung?

2 Öffnet man bei einem Pkw eine oder mehrere Türen, leuchtet die Innenraumlampe auf. Welche Schaltung liegt vor?

3 Ein Fahrstuhl fährt erst, wenn alle Türen fest verschlossen sind. Welche Schaltung ist wohl geeignet: eine UND- oder eine ODER-Schaltung?

Schaltungen können „denken“

Mit einem Schalter kannst du in einem Stromkreis eine Lampe ein- oder ausschalten. Im ersten Fall bei „EIN“ leuchtet sie, im zweiten Fall bei „AUS“ nicht. Die Lampe kann also je nach Schalterstellung einen der beiden Zustände „EIN“ oder „AUS“ anzeigen. Diese Eigenschaft von Schalter und Lampe kannst du nun dazu benutzen, mit Hilfe von Schaltungen Denkprobleme zu entscheiden. Dazu zwei Beispiele:

Fragen stellen.
↓
Schaltplan entwerfen.
↓
Schaltung aufbauen und ausprobieren.
↓
Beobachtungen notieren.
↓
Ergebnisse formulieren.
↓
Fragen beantworten.

Beispiel 1: An einem Kostümfest der 6. Klasse dürfen nur verkleidete Schüler teilnehmen, die Eintritt bezahlt haben. Beim Eingang wird an einem Kontrollgerät mit einer Schalttafel (Abb. ➤ 1) entschieden, wer eintreten darf. Wie ist dessen Schaltung aufgebaut?

Bei jedem Teilnehmer sind drei Fragen zu beantworten, die nur die Antwort „ja“ oder „nein“ zulassen. Jeder Frage wird nun ein Schalter zugeordnet. Seine Stellung gibt nun die Antwort: Steht der Schalter auf „EIN“, so ist die Antwort „ja“, steht er auf „AUS“, so ist sie „nein“.
Die Lampe darf nur leuchten, wenn alle drei Fragen mit „ja“ beantwortet werden. Die drei Schalter müssen also gleichzeitig auf „EIN“ stehen, sie sind in einer UND-Schaltung hintereinander geschaltet.

Beispiel 2: Bei einem anderen Schulfest darf nur teilnehmen, wer einerseits zur Schule gehört und andererseits Eintritt zahlt oder zum Organisationsteam zählt. Es wird auch niemand abgewiesen, der alle drei Bedingungen erfüllt.

Jede Bedingung lässt sich als Frage formulieren, die man nur mit „ja“ oder „nein“ beantworten kann. Ordnet man dann jeder dieser drei Fragen wieder einen Schalter zu, dann darf das Lämpchen nur leuchten, wenn die erste ***und*** wenn mindestens eine der beiden anderen Fragen mit „ja“ beantwortet wird. Es liegt daher die Verknüpfung einer UND- und ODER-Schaltung vor. Abb. ➤ 2 zeigt das zugehörige Schaltbild.

Dass die Schaltung richtig ist, kannst du auch mit einer Tabelle (Abb. ➤ 3) feststellen. Dazu wird zu allen möglichen Schalterstellungen der Leuchtzustand des Lämpchens ermittelt. Die Anzahl aller Kombinationen erhältst du so: Bei einem Schalter hat man zwei Einstellungen. Kommt ein zweiter hinzu, so hat man für jeden seiner beiden Möglichkeiten zwei Einstellungen des ersten, insgesamt somit vier Fälle. Bei einem dritten Schalter hat man für jede Schalterstellung vier Möglichkeiten der beiden ersten, insgesamt also acht Fälle.

1 Eintritt frei? Das Lämpchen zeigt es!

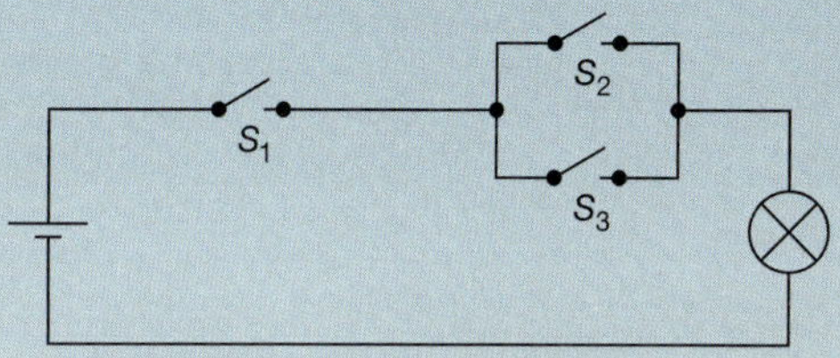

2 Schaltung zu Beispiel 2

S_1	S_2	S_3	*Lampe*
ja	ja	ja	leuchtet
ja	ja	nein	leuchtet
ja	nein	ja	leuchtet
ja	nein	nein	nicht
nein	ja	ja	nicht
nein	ja	nein	nicht
nein	nein	ja	nicht
nein	nein	nein	nicht

3 Tabelle mit allen möglichen Schalterstellungen

Fragen

1 Fertige eine Schaltskizze für das Kontrollgerät in Beispiel 1 (Abb. ➤ 1) an. Zeige anhand einer Tabelle, dass das Lämpchen nur in einem Fall leuchtet.

2 Bei welchen Stellungen der Schalter S_1, S_2 und S_3 leuchtet das Lämpchen in der folgenden Schaltskizze (Tabelle!)? Baue die Schaltung nach und überprüfe die Tabelle.

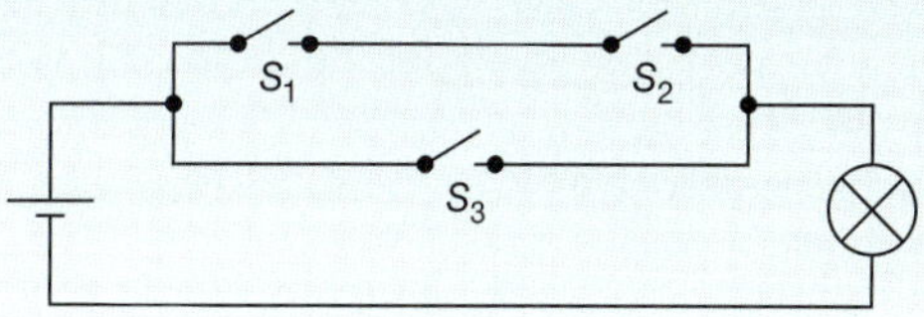

Schaltungen mit Umschalter

Peter tritt abends aus seinem Zimmer im Dachgeschoss in das Treppenhaus und schaltet an seiner Türe das Licht ein. Fast gleichzeitig kommt auch seine Mutter unten aus dem Wohnzimmer und will auch das Licht einschalten. Die Lampe flackert kurz auf und bleibt dann dunkel.

„Warum geht das Licht aus?" ruft Peter. Seine Mutter schmunzelt: „Auch ich wollte das Licht einschalten, du warst aber schneller. Deshalb wurde der Stromkreis wieder unterbrochen."

„Wie funktioniert die Schaltung?" fragt Peter weiter. „Das ist schon etwas kniffliger," antwortet seine Mutter, „häufig benutzt man dazu zwei Umschalter, die durch zwei Leitungen miteinander verbunden sind. Ich zeichne dir mal eine Schaltskizze, kannst du die Schaltung erklären?"

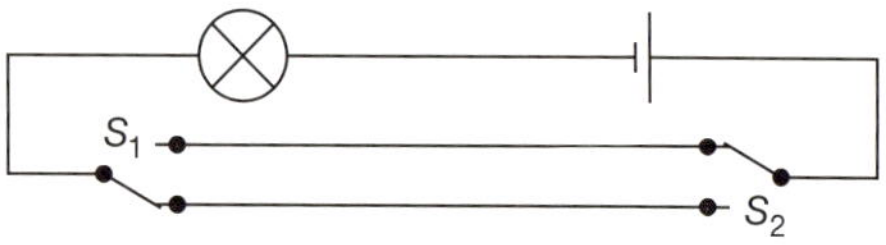

Wer hilft Peter?

Grundwissen

Praktische Schaltungen mit Umschaltern

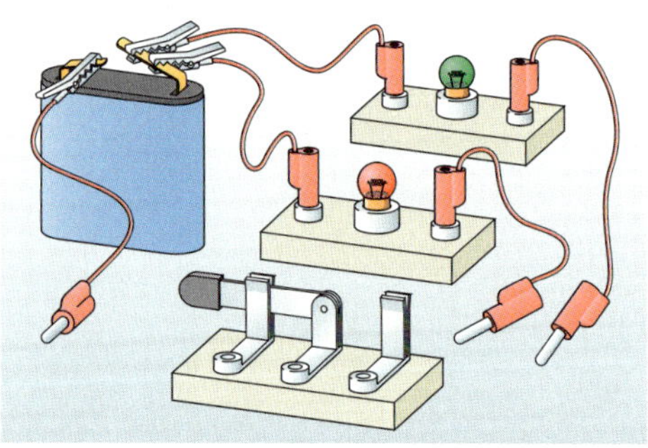

1 Selbstgesteuerte Ampelschaltung

Will man – wie in Abb. ➤1 – zwei getrennte Stromkreise abwechselnd öffnen oder schließen, so benutzt man häufig einen ***Umschalter***. Wenn er betätigt wird, bildet er mit dem gewünschten Gerät einen geschlossenen Stromkreis.

Solche Schaltungen werden häufig im Alltag eingesetzt: An Kreuzungen steuern sie z. B. den Fahrradverkehr; beim Parkhaus zeigt eine Ampelanlage mit zwei Lampen an, ob es besetzt oder frei ist; im Wartezimmer des Arztes fordert eine Lichtanlage zum Warten oder Eintreten auf.

Umschalter können auch andere Aufgaben erfüllen: In großen Räumen oder Treppenhäusern ist es günstig, wenn man von zwei Stellen aus eine Lampe ein- oder ausschalten kann. Dazu benutzt man häufig eine ***Wechselschaltung*** (Abb. ➤2). In ihr sind zwei Umschalter durch zwei Leitungen miteinander verbunden.

Abb. ➤2 zeigt: Wird einer der beiden Umschalter – gleichgültig welcher – betätigt, dann wechselt die Lampe von „Ein" nach „Aus" oder umgekehrt.

Mit einer Wechselschaltung kann man einen Stromkreis von zwei Stellen aus öffnen und schließen.

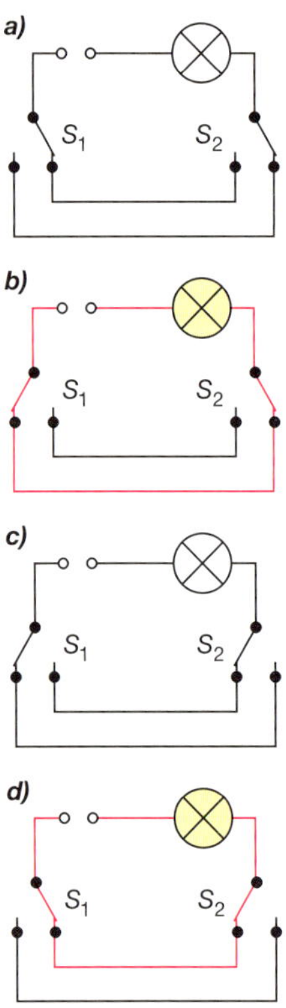

2 Die 4 möglichen Schalterstellungen bei der Wechselschaltung

Fragen

1 Baue mit dem in Abb. ➤1 angefangenen Schaltungsaufbau eine Ampelschaltung für Fußgänger. Zeichne zuvor eine Schaltskizze.

2 Bei welchen Schalterstellungen leuchtet das Lämpchen in der Wechselschaltung in Abb. ➤2? Lege eine Tabelle an.

3 Wie kann man einen Umschalter als einfachen Ausschalter verwenden? Zeichne eine Schaltskizze.

Trickreiche Schaltungen

Beinahe wäre Fritz in einen Unfall verwickelt worden. Er war im Dunkeln mit dem Rad unterwegs, obwohl sein Rücklicht defekt war. Ein Autofahrer hatte ihn erst sehr spät erkannt und gerade noch halten können, ihm war der Schreck in die Glieder gefahren.
Zu Hause beginnt er daher sofort mit der Reparatur.

„Ich glaube, ich habe den Fehler gefunden", sagt er einige Minuten später stolz zu seinem älteren Bruder Karl, „es fehlt ein zweites Kabel zu dem Rücklicht. Das vorhandene Kabel ist nämlich ganz, wenn auch an der Kontaktschraube Rost ist."
Karl lacht: „Das kann es doch nicht sein! Vorne geht doch auch nur ein Kabel zum Scheinwerfer und der leuchtet." – „Ja, das stimmt", muss Fritz kleinlaut zugeben, „aber wieso funktioniert die Schaltung mit einem Kabel und wo ist der Fehler?"
Habt ihr eine Lösung?

Grundwissen

Die Fahrradbeleuchtung

Immer wieder kommt es zu Unfällen mit Radfahrern, deren Beleuchtungsanlage nicht in Ordnung ist. Wenn man weiß, wie die Beleuchtung funktioniert, kann man auftretende Fehler vielfach selbst reparieren. Beim Fahrrad besteht die Beleuchtungsanlage aus: Dynamo, Scheinwerfer Rücklicht und Reflektoren (Rückstrahler), die selbst nicht leuchten.

V1 Abb. ➤ 1 zeigt das Modell einer Fahrradbeleuchtung. Dreht man kräftig an dem Antriebsrad des Dynamos, dann leuchtet der Scheinwerfer, nicht aber das Rücklicht. Umgekehrt scheint nur das Rücklicht, wenn der Dynamo an der Stange mit dem Rücklicht sitzt. Verbindet man die Stativstangen des Modells durch eine Querstange, so leuchten beim Drehen am Dynamo beide Lämpchen.
Durch die Metallteile wird also eine Leitung eingespart (Abb. ➤ 2).

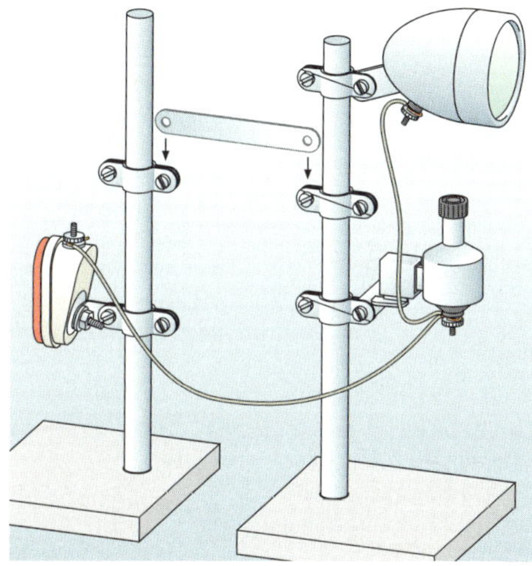

1 Modell einer Fahrradbeleuchtung

Bei der Fahrradbeleuchtung wird eine leitende Verbindung zwischen Dynamo und Scheinwerfer bzw. Rücklicht häufig durch den Fahrradrahmen, das Schutzblech oder andere Metallteile gebildet.

Wie beim Fahrrad wird auch bei vielen anderen technischen Geräten eine der beiden Leitungen eingespart. Dadurch werden Lohn- und Materialkosten gesenkt und das Leitungsnetz übersichtlich gestaltet. So ist der Motor einer E-Lok einerseits über die Oberleitung, andererseits über die Räder und Schienen mit der elektrischen Quelle verbunden. Beim Auto ist es die Blechkarosserie, die eine der beiden Leitungen ersetzt.

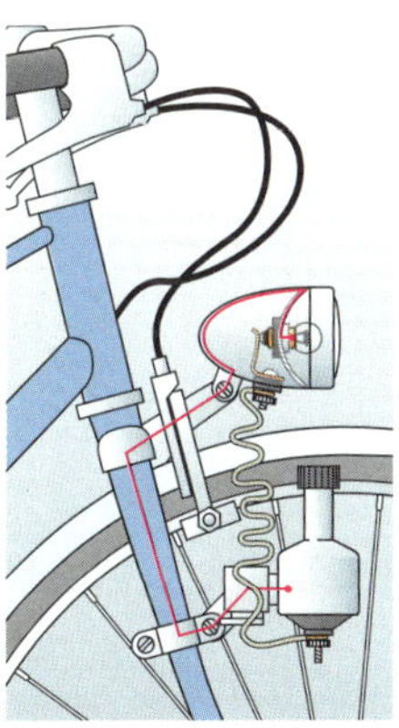

2 Die beiden leitenden Verbindungen bei der Fahrradbeleuchtung

Fragen

1 Fehlersuche bei der Fahrradbeleuchtung:
a) Welche Teile der Beleuchtungsanlage solltest du untersuchen?
b) Was kann Rost an den Kontaktstellen von Dynamo, Scheinwerfer usw. bewirken?
Wie kannst du dies vermeiden bzw. beheben?
c) Wie kann dir der Einsatz einer Batterie bei der Fehlersuche helfen?

2 Kann man bei einem Rücklicht, das an einem Radschutz aus Kunststoff befestigt ist, auch eine Leitung einsparen?

3 Wie verlaufen beim Auto die elektrischen Leitungen zur Batterie?

Rückblick

Auf den vorhergehenden Seiten hast du einige Versuche, neue Begriffe, Beobachtungen und Erklärungen kennen gelernt. Wenn du die folgenden Aufgaben bearbeitest, erstellst du dir selbst eine Zusammenfassung des Kapitels und kannst überprüfen, ob du das Wichtigste verstanden hast. Bist du an einer Stelle unsicher, dann sieh auf der angegebenen Seite noch einmal nach.

Gegenstände und Begriffe

1 Beschreibe den Aufbau
a eines einfachen geschlossenen Stromkreises mit einer Prüfstrecke. (→ S. 48)
b einer Parallelschaltung mit zwei Glühlampen. (→ S. 53)

2 Was versteht man unter
a einem Pol bei einer elektrischen Quelle? (→ S. 44)
b einem Schalter? (→ S. 47)
c einem Isolator? (→ S. 48)
d einer UND-Schaltung? (→ S. 54)

Beobachtungen

3 Was beobachtet man auf einem Messgerät, das in einem elektrischen Stromkreis eingebaut ist, wenn man
a Metall-, Kunststoff- oder Glasstäbe in eine Prüfstrecke des Stromkreises einbaut? (→ S. 48)
b zwei Kohlestäbe, die ohne sich zu berühren in Leitungswasser bzw. in reines Wasser eintauchen, in den Stromkreis einbaut? (→ S. 51)

Erklärungen und Erläuterungen

4 Erkläre bzw. erläutere,
a wie man ein elektrisches Gerät in Betrieb nimmt. (→ S. 44)
b warum man Schaltpläne zeichnet. (→ S. 47)
c weshalb man im Haushalt elektrische Geräte im Allgemeinen parallel schaltet. (→ S. 53)
d wie eine Wechselschaltung funktioniert. (→ S. 56)
e warum beim Fahrrad nur ein Kabel vom Dynamo zur Lampe geht. (→ S. 57)

Zusammenhänge

5 Formuliere mit eigenen Worten einige Aussagen über
a die Leitfähigkeit von festen, flüssigen oder gasförmigen Stoffen. (→ S. 48 f.)
Beispiel:
Metalle sind im Allgemeinen gute elektrische Leiter. (→ S. 48)
b Parallel- und Reihenschaltungen (→ S. 53)
c UND- und ODER-Schaltungen. (→ S. 54 f.)

Erläutere die in den nebenstehenden Bildern wiedergegebenen Erscheinungen und beantworte die Fragen!

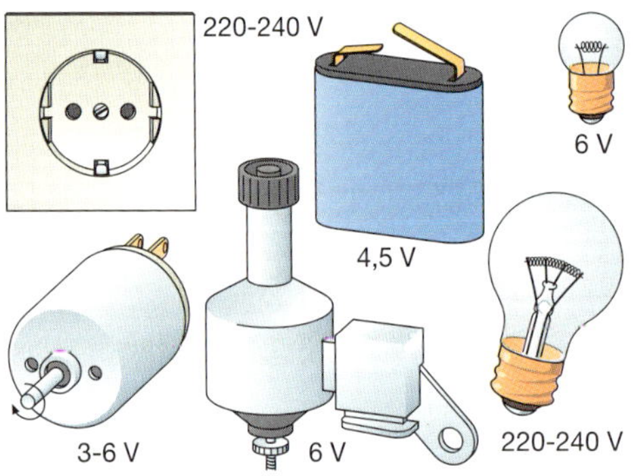

1 Welche Quelle passt zu welchem Gerät?

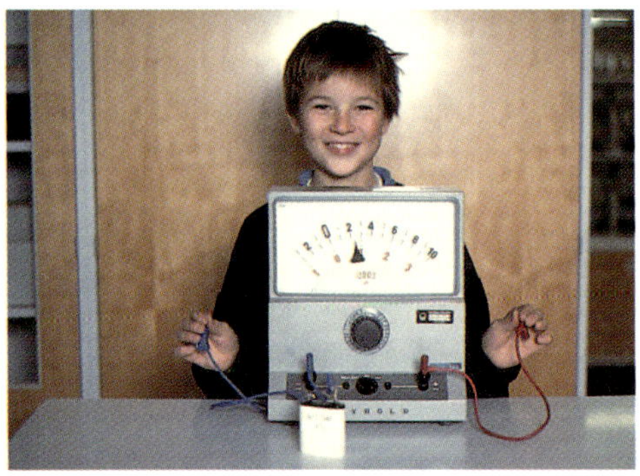

2 Wieso zeigt das Messgerät einen Strom an?

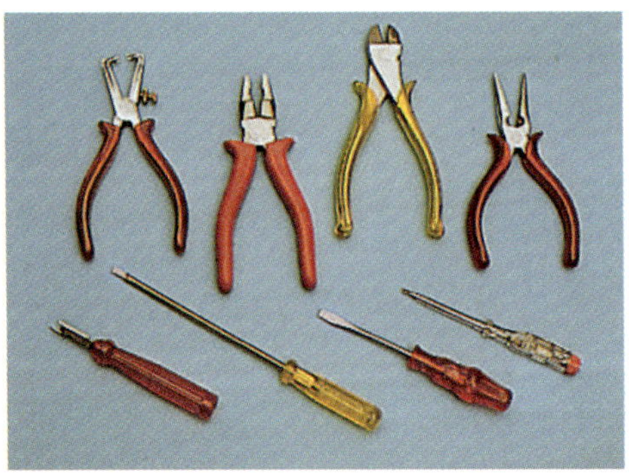

3 Weshalb haben die Werkzeuge des Elektrikers isolierte Griffe?

4 Führt nur eine Leitung von der elektrischen Quelle zum Motor der Stadtbahn?

Beispiele

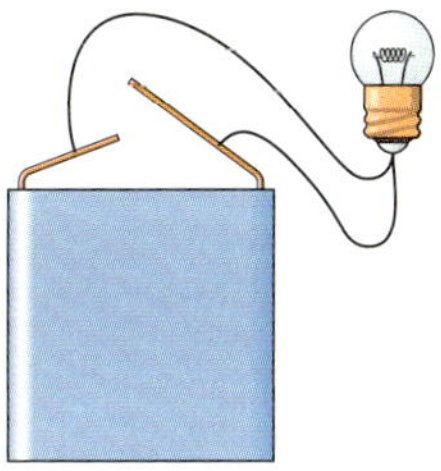

1 Stromkreis zu Beispiel 1

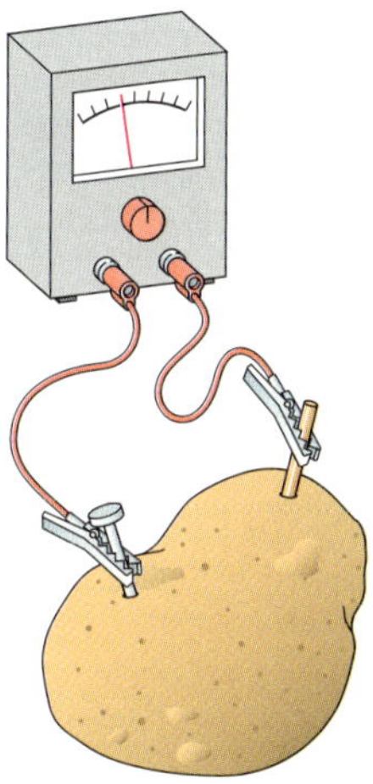

2 Versuchsaufbau: die Kartoffelbatterie

1 Richtiger Anschluss eines Lämpchens

In Abb. ➤ 1 liegt ein „geschlossener Stromkreis" vor. Trotzdem leuchtet das Lämpchen nicht. Gib eine Erklärung dafür. Wie muss man richtig schalten?

Lösung:
Nur eine der Anschlussstellen, der Fußpunkt des Lämpchens, ist mit den beiden Anschlussstellen der Batterie verbunden. Der Stromweg geht nicht durch das Gerät, sondern unmittelbar von einem zum anderen Pol der Batterie. Daher leuchtet das Lämpchen nicht.
Bei einer funktionierenden Schaltung muss je ein Pol der Batterie mit je einer Anschlussstelle des Lämpchens (Fußpunkt, Gewinde) leitend verbunden sein.
Hinweis: Die Batterie wird so schnell leer.

2 Beispiel für ein Versuchsprotokoll: Die Kartoffelbatterie

Ist eine Kartoffel eine elektrische Quelle?

Aufbau und Durchführung:
In die Kartoffel werden zwei Stifte (Eisennägel, blanke Kupferdrahtstücke) gesteckt. Diese Stifte sind mit einem Messgerät leitend verbunden (Abb. ➤ 2).
a) Beide Stifte sind aus Kupfer oder aus Eisen.
b) Ein Stab ist aus Kupfer, einer aus Eisen.

Beobachtung:
a) Falls beide Stäbe aus dem gleichem Stoff sind, ergibt sich keine Anzeige am Messgerät.
b) Sind sie aus verschiedenen Stoffen, so zeigt das Gerät eine Nennspannung an. Die Anzeige geht aber mit der Zeit zurück.

Auswertung:
Wenn zwei Platten oder Stifte aus verschiedenen metallischen Stoffen in eine Kartoffel eintauchen, entsteht eine elektrische Quelle.

3 Zusammengesetzte Schaltung mit Lämpchen

Drei Lämpchen in Fassung sind so an eine Batterie geschaltet, dass zwei parallel und das dritte dazu in Reihe ist.

Zeichne einen Schaltplan. Welches Lämpchen kann man aus der Fassung schrauben, ohne dass die anderen erlöschen?

Lösung:

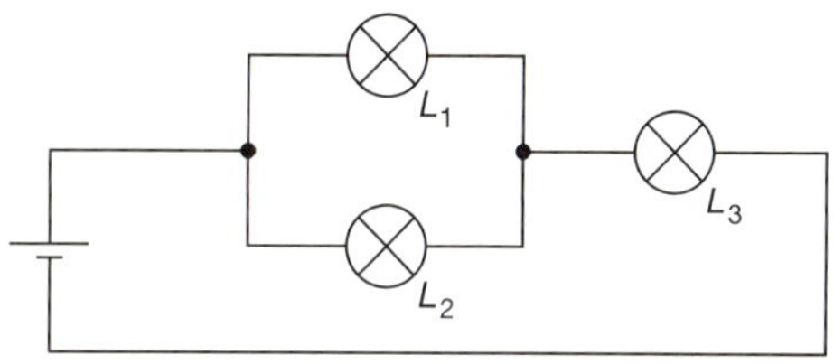

Eines der beiden parallel geschalteten Lämpchen L_1, L_2 kann man aus der Fassung drehen, da dann für die beiden anderen immer noch ein geschlossener Stromkreis vorliegt. Wird dagegen L_3 losgeschraubt, so ist der Stromkreis unterbrochen und kein Lämpchen leuchtet.

Heimversuche

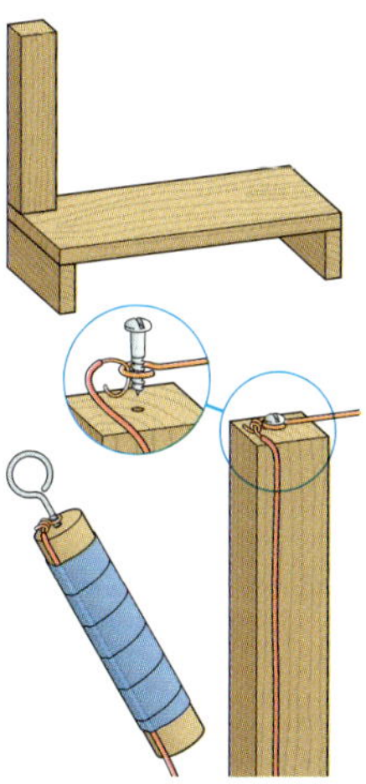

3 Bau eines „heißen Drahts"

1 Nennspannungen einiger Elektrogeräte

Erkundige dich nach der Nennspannung von elektrischen Quellen und Geräten.
a) Quellen: Knopfzelle (z. B. im Fotoapparat oder in der Armbanduhr), Autobatterie, Trafo für Modelleisenbahn, Solarzelle, Batterie für die Fernbedienung beim Fernseher und Steckdose für Haushaltsstrom bzw. Drehstrom.
b) Geräte: Glühlämpchen in Stablampe (Taschenlampe), im Rücklicht, im Diaprojektor bzw. in der Deckenleuchte, Energiesparlampe, Toaster, Türgong und Elektroherd.

2 Die Kartoffelbatterie

Führe das in dem o. a. Versuchsprotokoll geschilderte Experiment statt mit einem Messgerät mit einem Kopfhörer oder mit einer Leuchtdiode durch. Wann hörst du ein Knacken im Kopfhörer?

3 Bau eines „heißen Drahts"

In der oberen Abbildung auf S. 48 siehst du das Geschicklichkeitsspiel „heißer Draht". Zu seinem Bau brauchst du folgendes Material:

3 Holzbretter, 1 Vierkantholz, 1 Rundholz, 1 Summer, fester Kupferdraht, Leitungskabel, Batterie, 1 ringförmige Metallschraube, Schrauben und Klebeband.

Verschraube entsprechend Abb. ➤ 3 und der Abb. auf Seite 48 das Vierkantholz an einer Ecke des größeren Bretts (2 Schrauben), befestige den Boden und schraube den festen Kupferdraht auf dem Kantholz fest. Vergiss nicht, vorm Festschrauben ein Leitungskabel mit dem Kupferdraht zu verbinden (Abb. ➤ 3). Drehe die Ringschraube in das Rundholz und verbinde die elektrischen Teile entsprechend der Abbildung mit Leitungskabel. Umwickle das Rundholz und das Kabel mit Klebeband.

Heimversuch

4 Modell einer Ampelanlage

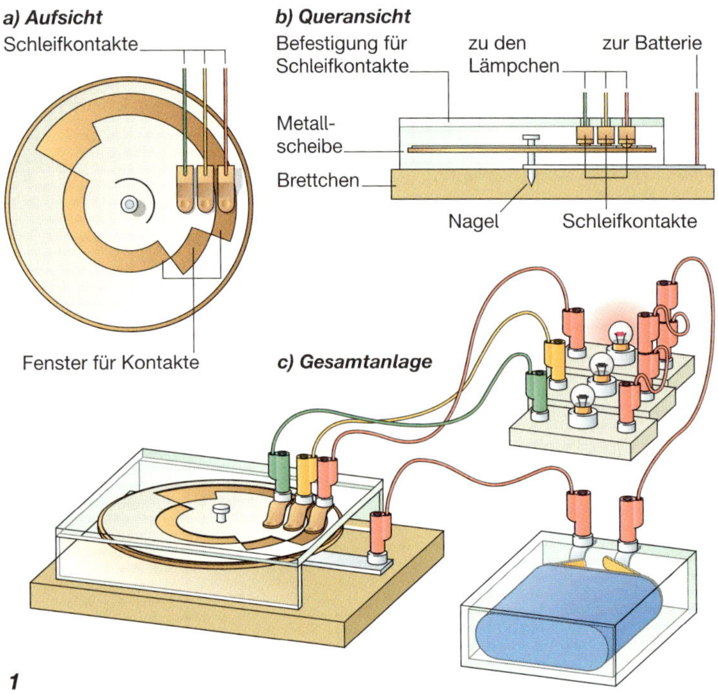

1

Abb. ➤ 1 zeigt das Modell einer Verkehrsampel. Erforderliches Material:
1 Metallscheibe, z. B. Deckel einer Dose
1 dünner Karton, 1 Nagel, 1 Brett,
3 Lämpchen, 1 Batterie und Kabelstücke.

Kernstück der Anlage ist der Drehschalter (Abb. ➤ 1a), den du von Hand betätigen musst, um die drei Ampellämpchen zum Leuchten zu bringen. Um ihn herzustellen, wird in der Mitte der Metallscheibe mit dem Nagel ein Loch gebohrt. Auf ihrer Oberseite wird dann die Pappscheibe mit den Fenstern entsprechend der Abb. ➤ 1a aufgeklebt. Anschließend wird sie auf dem Grundbrett befestigt. Zuvor hat man den Nagel mehrfach mit einem blanken Kabelende (eine Zuleitung zur Batterie) umwickelt. Nun befestigt man an einer Halterung entsprechend Abb. ➤ 1b drei unten blanke Litzen (Kabel) als Schleifkontakte über der Scheibe. Der übrige Aufbau ist aus Abb. ➤ 1c zu ersehen.

Erläutere anhand der Abbildung die Funktionsweise der Schaltung. Wann leuchten die einzelnen Lampen?

Fragen

2 Zu Frage 2

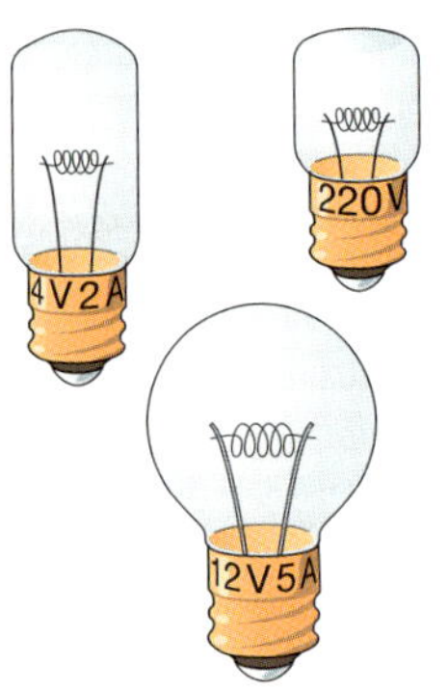

3 Zu Frage 5

Zum Anschließen von elektrischen Geräten

1 Schildere, was in deiner Stadt passieren könnte, wenn der elektrische Strom für längere Zeit ausfällt. Auf welche elektrischen Geräte müsstest du verzichten? Welche könntest du durch andere, nicht elektrische ersetzen? Was könnte im Straßenverkehr, was in den Geschäften passieren?

2 Das Lämpchen in Abb. ➤ 2 soll leuchten. Lege eine Zeichnung an!

3 Im Auto befinden sich eine Batterie und eine Lichtmaschine (Dynamo). Welche Nennspannung haben beide? Weshalb hat man zwei elektrische Quellen?

4 Ab welcher Nennspannung können elektrische Quellen lebensgefährlich sein? Bei welchen elektrischen Quellen bei dir zu Hause darfst du die Pole deswegen nicht berühren?

5 Betrachte die in Abb. ➤ 3 abgebildeten Glühlampen.
a) Ordne ihren Nennspannungen eine passende elektrische Quelle zu.
b) Zwischen dem Fußpunkt der Glühlampen und dem Gewinde ist eine Zwischenschicht aus Glas oder Kunststoff. Weshalb nicht aus Metall?

Zum Stromkreis und zum Ein- und Ausschalten elektrischer Geräte

6 Zeichne den Schaltplan eines Stromkreises mit zwei hintereinander angeordneten Lämpchen.

7 In manchen Geschäften öffnet sich die Türe automatisch, wenn du durch eine Lichtschranke gehst. Welchen Zweck hat hier die Lichtschranke?

8 Elektromeister Blitz regt sich auf: Da hat doch jemand einen Stellschalter in die Klingelanlage eingebaut! Was meinst du dazu?

9 Manche Taschenlampen haben einen Stell- und einen Tastschalter. Warum?

10 Karl meint, die zweite Zuleitung im Stromkreis sei überflüssig. Es genüge, dass der Strom zum Gerät hinkomme. Was meinst du dazu?

11 Angenommen: Obwohl du den Schalter betätigst, leuchtet die Zimmerlampe nicht. Woran könnte das liegen? Nenne mehrere Möglichkeiten! Wo ist dabei der Stromkreis jeweils unterbrochen?

12 Schließe einen kleinen Elektromotor an eine Batterie an. Überprüfe damit, ob der elektrische Strom eine Richtung hat.

Fragen

1 Zu Frage 23

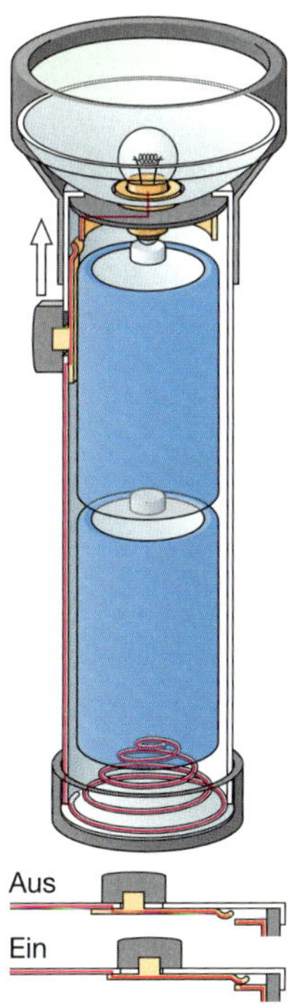

4 Zu Frage 31

Zu Leiter / Nichtleiter bei Festkörpern, Flüssigkeiten und Gasen

13 Weshalb sind im Haushalt alle Schalter und Steckdosen mit einem Gehäuse aus Kunststoff versehen?

14 Kann man einen Schalter nur aus Metall bauen?

15 Gold und Silber sind besonders gute Leiter. Wieso benutzt man sie nicht für die Elektroinstallation in Gebäuden?

16 Weshalb sind nasse Hände beim Umgang mit elektrischem Strom so gefährlich?

17 Warum sind die Schalter und Steckdosen im Keller oder in der Waschküche besonders gut isoliert.

18 Warum könnte man in vielen Fällen keine sinnvolle Schaltung bauen, wenn Luft ein guter elektrischer Leiter wäre?

19 Warum soll man bei aufkommendem Gewitter nicht in einem See baden, mit dem Fahrrad fahren oder einen Drachen steigen lassen?

20 Wie kann man die Verschmutzung von Wasser durch salzhaltige Stoffe elektrisch untersuchen (Versuchsaufbau, Schaltskizze, Erläuterung)?

21 Wieso haben die Drähte einer Hochspannungsleitung keine Isolierung? Wie müssen sie angebracht werden, damit sie sich bei Sturm nicht berühren? Wie erreicht man, dass sie keinen Kontakt zu den Masten haben?

Zur Reihen- und Parallelschaltung

22 Warum sind im Haushalt die elektrischen Geräte parallel und nicht in Reihe geschaltet?

23 In Abb. ➤ 1 sind zwei Lämpchen so mit einer Batterie verbunden, dass sie leuchten. Was für eine Schaltung liegt jeweils vor? Zeichne eine Schaltskizze.

24 Wie verhalten sich die eingeschalteten Glühlampen bei einer Lichterkette für den Christbaum bzw. bei einem Kronleuchter, wenn eine Glühlampe „durchbrennt"?

25 An eine Batterie sind drei Lämpchen so angeschlossen, dass zwei in Reihe geschaltete zu einem dritten parallel angeordnet sind. Fertige eine Schaltskizze an. Welche Lampe kann man aus der Fassung drehen, ohne dass die anderen erlöschen?

Zur UND- und ODER-Schaltung

26 Eine Waschmaschine arbeitet noch nicht, wenn man den Programmschalter und die Einschalttaste betätigt hat. Man muss auch die Waschtrommel schließen und das Wasser aufdrehen. Dabei wird jeweils ein Schalter geschlossen. Wie sind diese angeordnet?

27 Bei welchen Stellungen der Schalter S_1, S_2, S_3 und S_4 in der folgenden Schaltskizze leuchtet das Lämpchen? Welche Fälle können vorkommen? Leg dazu eine Tabelle an.

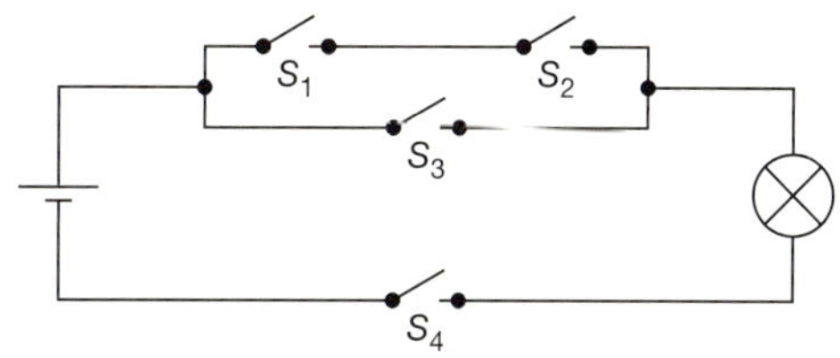

28 Gib den Plan zu folgender Denkschaltung an: Im Hotel Erika kann man nur mit Bargeld oder mit EC-Card und Geheimzahl oder mit Kreditkarte bezahlen. Darf jemand ohne Bargeld und Kreditkarte dort wohnen, der seine EC-Karte bei sich hat, aber seine Geheimzahl vergessen hat?

Zu Schaltungen mit Umschalter

29 Mit einem Umbau der Klingelanlage (Umschalter, Lämpchen und Kabel) möchte Herr Sanft verhindern, dass das Baby abends durch die Türglocke geweckt wird. Wie könnte der Schaltplan aussehen, wenn jetzt abends beim Betätigen der Klingel nur das Lämpchen aufleuchtet?

30 Bei welchen Schalterstellungen (oben, unten) der drei Umschalter in der folgenden Abbildung leuchten die Lampen L_1 bzw. L_2?

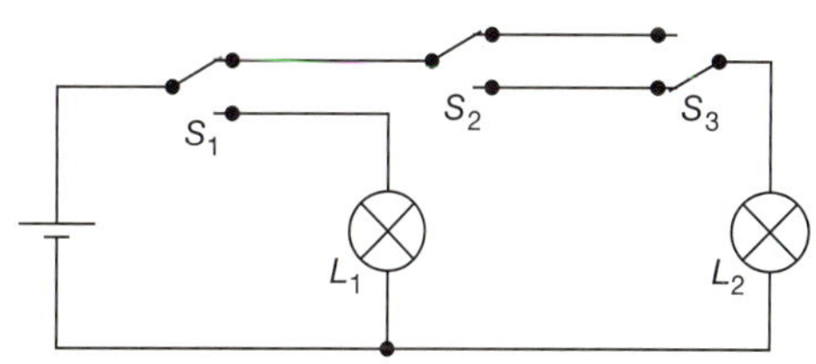

Zu trickreiche Schaltungen

31 Erläutere den Stromkreis bei der Stabtaschenlampe in Abb. ➤ 4.
Welche Rolle spielt das Gehäuse?

32 In manchen Städten gibt es Busse mit Elektromotor. Im Gegensatz zur Straßenbahn haben sie zwei Oberleitungen für die Stromzuführung. Warum reicht eine nicht aus?

Bei der Herstellung von neuem Stahl kann altes Eisen wieder verwertet werden.
Dieser Schrott wird oft mit Eisenbahnwaggons beim Stahlwerk angeliefert. Dann senkt sich von einem Kran eine riesige Scheibe herab. Plötzlich hängt eine große Menge Schrott an der Scheibe. Der Kranführer schwenkt die Scheibe zur Seite und auf einmal fällt der Schrott genau an der vorgesehenen Stelle herab! Wie kommt das?

Die magnetische Wirkung des elektrischen Stromes untersuchen wir in einer Reihe von Versuchen. Um sie selbst auszuführen, benötigst du einen nach Abb. ➤1 selbst gebauten Elektromagnet:

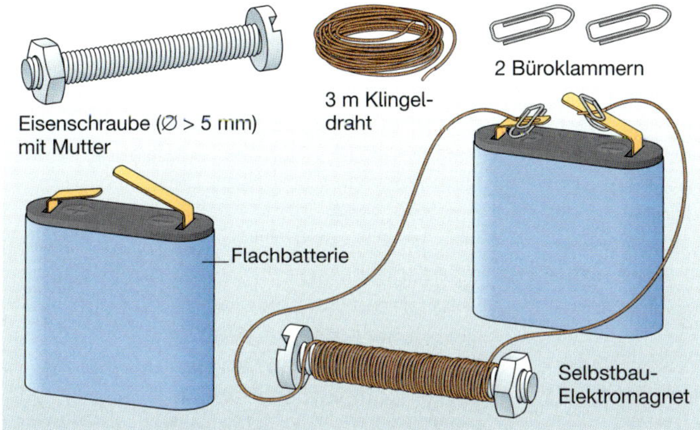

1 Selbstbau-Elektromagnet: Der Klingeldraht muss etwa 50-mal in gleicher Richtung um die Schraube gewickelt werden.

V1 *Halte ein Ende der Spule dicht über einige Büroklammern auf dem Tisch und schließe die Spule an die Flachbatterie an (Abb. ➤2)!*
Halte das andere Ende der Spule über die Büroklammern. Ist die Wirkung die gleiche?
Wiederhole den Versuch, nachdem du die Anschlüsse an der Batterie vertauscht hast!

2 Versuche mit dem Elektromagnet

V2 *Wiederhole den ersten Versuch, ersetze aber die Büroklammern durch andere Gegenstände, etwa Schlüssel, Papier, Münzen, Nägel, …*

V3 *Lege die angeschlossene Spule auf einen ganzen „Büroklammerhaufen" und ziehe sie dann wieder nach oben!*

V4 *Hänge eine Büroklammer an einem Faden auf, so dass sie dicht über dem Tisch hängt. Markiere diese Stelle auf einem Blatt Papier! Schalte die Spule in unterschiedlichen Entfernungen von der Büroklammer an!*

3 Der Elektromagnet beeinflusst einen Kompass.

V5 *Stelle einen Kompass auf den Tisch und warte, bis die Nadel still steht. Halte die Spule an eine Stelle vor oder neben der Kompassnadel und schließe die Spule an (Abb. ➤3)!*
Wiederhole den Versuch an der gleichen Stelle, schließe jetzt aber die Spule umgekehrt gepolt an!

Dauer- und Elektromagnete

Der Lehrer kommt in den Physikraum. Er hängt einen stabförmigen Magnet frei drehbar auf!
Alle beobachten seine Ruhelage. Dann stoßen wir ihn an und warten auf seine Ruhestellung. Wir wiederholen den Versuch mehrmals.
Anschließend führen wir den gleichen Versuch mit einer Spule mit Eisenkern durch, die an eine Batterie angeschlossen ist!

Grundwissen

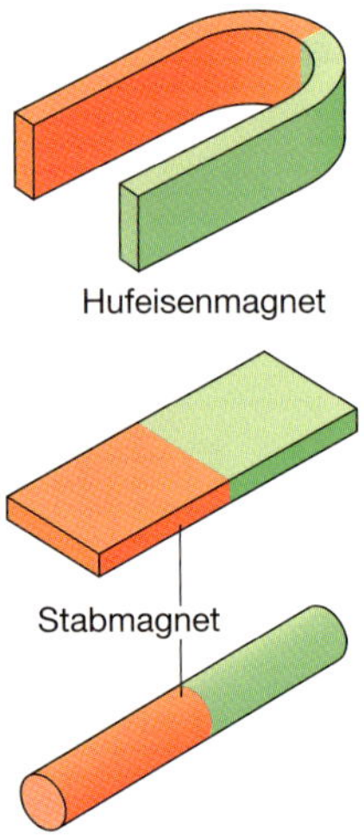

1 Verschiedene Dauermagnete

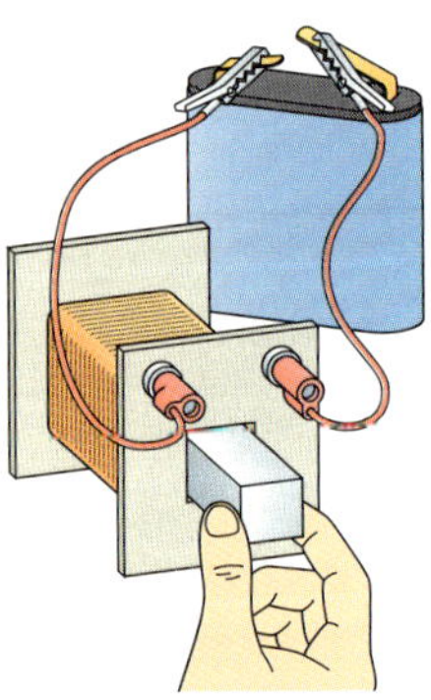

2 Elektromagnet

Magnete

Schon im Altertum war bekannt, dass es eisenhaltige Mineralien gibt, die kleine Eisenstückchen anziehen können. Heute kann man solche ***Dauermagnete*** mit viel größerer Wirkung aus Eisen, häufig auch aus Nickel, Kobalt oder besonderen Eisenverbindungen künstlich herstellen. Je nach dem Zweck, für den sie eingesetzt werden, erhalten sie verschiedene Formen (Abb. ➤ 1).
Man kann magnetisierte Metallteilchen auch in Kunststoffe einlagern. Streifen daraus werden z. B. an den Dichtungen von Kühlschranktüren angebracht.

Eine Spule mit Eisenkern, die an eine elektrische Quelle angeschlossen ist, wirkt wie ein Stabmagnet. Die Magnetkraft eines solchen ***Elektromagnetes*** (Abb. ➤ 2) lässt sich ändern: Sie wird größer, wenn man die Stärke des Stroms in der Spule erhöht.
Im Gegensatz zu Dauermagneten kann man Elektromagnete auch ausschalten, indem man den Stromkreis unterbricht.

> Eine stromführende Spule mit Eisenkern erzeugt magnetische Kräfte wie ein Stabmagnet. Die Stärke eines Elektromagnets kann verändert werden. Er kann ein- und ausgeschaltet werden.

Magnetpole

Die magnetischen Kräfte von Dauer- oder Elektromagneten sind an einigen Stellen größer als an anderen (Abb. ➤ 3). Die Bereiche mit der stärksten Anziehung nennt man ***Pole*** des Magnets. Jeder Magnet hat zwei Pole.
Hängt man einen Stabmagnet oder einen eingeschalteten Elektromagnet frei beweglich auf, so stellen sie sich nach einigen Schwingungen stets so ein, dass wie bei einem Kompass immer das gleiche Ende nach Norden bzw. nach Süden zeigt. Der nach Norden weisende Pol wird ***magnetischer Nordpol***, der nach Süden weisende ***magnetischer Südpol*** genannt.
Ändert man die Stromrichtung in einem Elektromagnet, indem man die Anschlüsse an der Batterie vertauscht, so entsteht an dem Ende, an dem vorher ein Nordpol lag, ein Südpol. Entsprechend ist der ursprüngliche Südpol durch einen Nordpol ersetzt worden.

> Jeder Magnet hat einen Nord- und einen Südpol. Dort sind die magnetischen Kräfte am größten.
> Bei einem Elektromagnet hängt die Lage von magnetischem Nord- und Südpol von der Stromrichtung ab, bei Dauermagneten liegen die Pole fest.

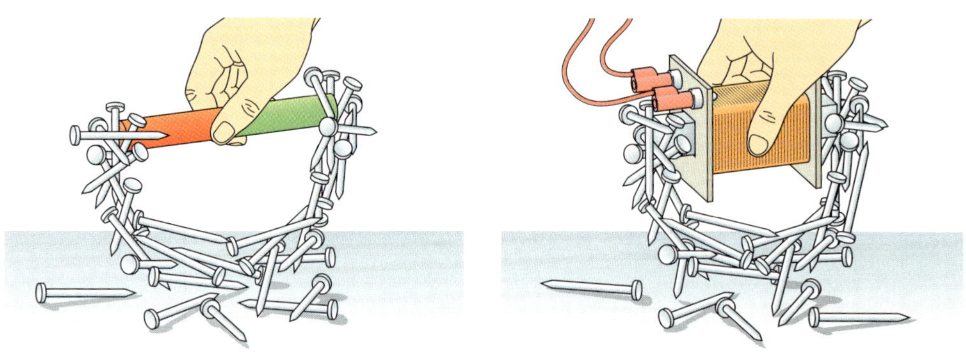

3 An den Magnetpolen ist die Kraft am größten.

Grundwissen

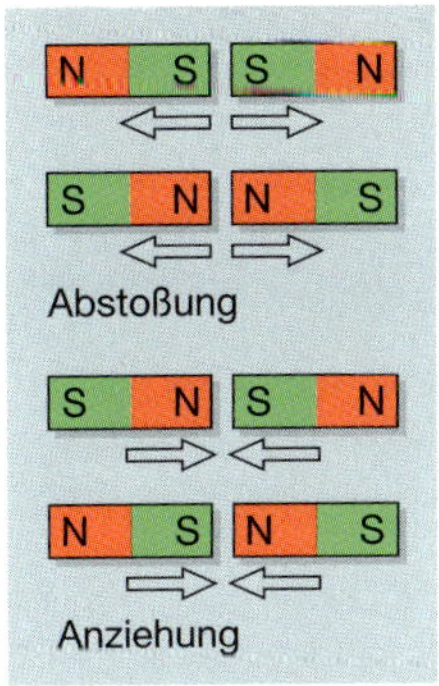

1 Kraftwirkungen zwischen Magnetpolen

Magnete und ihre Wirkungen

Wir untersuchen zunächst die Kräfte zwischen zwei Magneten:

V1 Bringt man die Pole von zwei Magneten zusammen (Abb. ➤ 1), so kommt es zur gegenseitigen Anziehung oder Abstoßung. Dabei ist es gleichgültig, ob Dauermagnete oder Elektromagnete benutzt werden.
Stehen sich zwei Nord- oder zwei Südpole gegenüber, so stoßen sich die Magnete ab. Treffen dagegen ein Nord- und ein Südpol aufeinander, so ziehen sie sich an.

> Gleichnamige Pole stoßen einander ab, ungleichnamige ziehen sich an.

Wann übt ein einzelner Magnet Kräfte auf andere Körper aus?

V2 Bringt man unmagnetische Körper aus verschiedenem Material in die Nähe eines magnetischen Nord- oder Südpols, so werden einige von ihnen angezogen, andere nicht. Nur Gegenstände aus Eisen, Nickel und Kobalt werden angezogen. Es sind genau die Stoffe, aus denen auch Magnete hergestellt werden können.
Als nächstes versuchen wir, die Kraft eines Magnets auf einen Körper aus Eisen abzuschirmen:

V3 Wir bringen eine Pappe, ein Eisenblech, ein Kupferblech, ein Stück Aluminium oder ein Holzbrett zwischen Magnet und ein Eisenstück (Abb. ➤ 2). Nur mit dem Eisenblech lässt sich die magnetische Wirkung abschirmen.

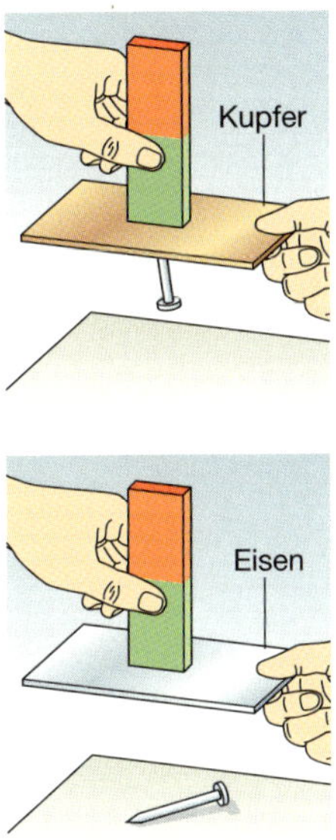

2 Wird die magnetische Wirkung abgeschirmt?

> Nur Gegenstände aus Eisen, Nickel und Kobalt werden von Magneten angezogen. Nur durch diese Stoffe lässt sich die magnetische Wirkung auch abschirmen.

Der folgende Versuch zeigt, wie man unmagnetisches Eisen magnetisieren kann:

V4 Wir überprüfen zunächst, ob ein Stück dicker Eisendraht (z. B. eine Stricknadel) unmagnetisch ist: die Drahtenden werden von beiden Polen einer drehbar gelagerten Magnetnadel angezogen.
Wir streichen nun mehrmals mit einem Pol eines starken Magnets über den Draht (Abb. ➤ 3). Danach wird ein Drahtende immer von einem Pol der Magnetnadel abgestoßen, vom anderen angezogen – der Draht ist zum Magnet geworden!

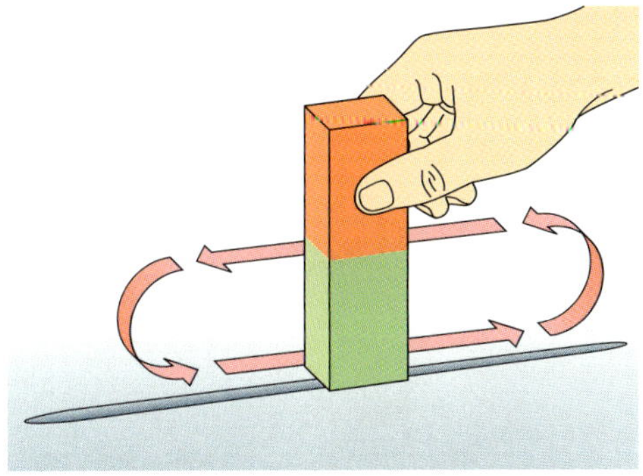

3 Magnetisierung von Eisen

Zur technischen Herstellung von Magneten benutzt man passend geformte Körper aus Stahl oder aus Metalllegierungen – das sind Gemische aus mehreren Metallen. Oft wird das Material zunächst in Pulverform hergestellt und dann unter Einwirkung eines starken Elektromagnets in die gewünschte Form gepresst.
Durch den Elektromagnet erhält der neue Dauermagnet die magnetischen Eigenschaften, die er danach auch behält.

Fragen

1 Wo hast du schon Dauermagnete oder Elektromagnete gesehen?

2 Wie kann man herausfinden, wo die Pole eines Hufeisenmagnets liegen?

3 Befestige einen Dauermagnet auf einem Brettchen. Lass dieses auf dem Wasser schwimmen. Was beobachtest du?

4 Elektromagnete und Stabmagnete haben teils gleiche, teils unterschiedliche magnetische Eigenschaften. Schreibe beide in einer Tabelle auf!

5 Kann man in einer Müllsortieranlage Kupfer- und Aluminiumteile mit einem starken Magnet heraussortieren? Begründe deine Antwort!

Physik überall

Magnetschalter

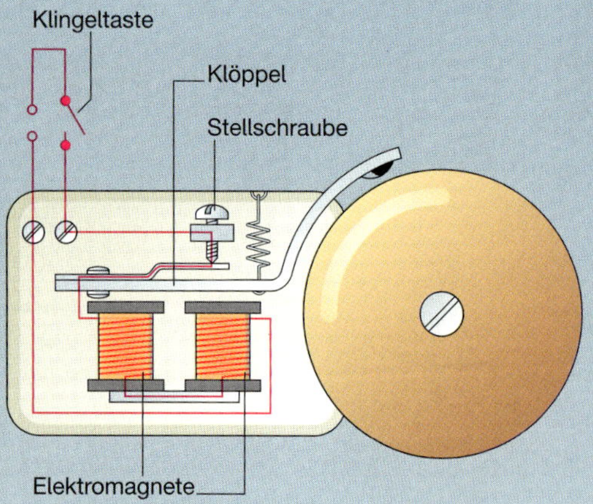

1 Elektrische Klingel

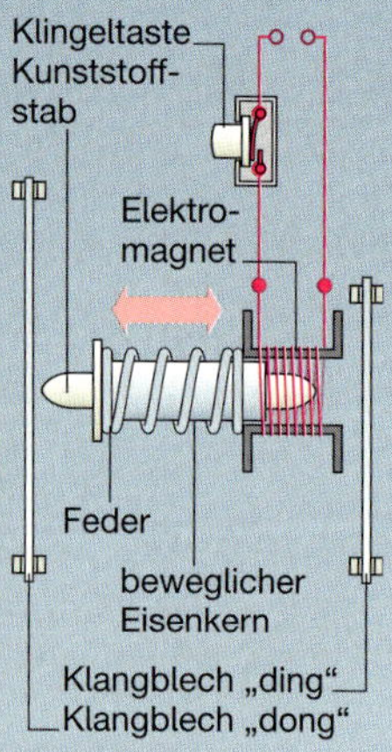

2 Türgong

Ein ***Reed-Kontakt*** (Abb. ➤3) besteht aus zwei biegsamen Metallplättchen, die in ein Glasröhrchen eingeschmolzen sind.
Nähert man diesen Plättchen einen Magnet, so werden sie magnetisiert. Dazu müssen magnetischer Nord- und Südpol des Magnets etwa parallel zu den beiden Plättchen ausgerichtet sein. An jedem der beiden Plättchen entsteht nun ein magnetischer Nord- und Südpol. Dabei stehen sich in der Mitte ein Nordpol und ein Südpol gegenüber – die Plättchen ziehen sich an und schließen dadurch den Kontakt.
Das Material für die Kontaktplättchen ist so gewählt, dass ihre Magnetisierung wieder verschwindet, sobald man den Magnet entfernt. Dann wird der Kontakt wieder geöffnet.

Bei einem ***Reed-Relais*** benutzt man anstelle eines Dauermagnets eine stromführende Spule, um die Kontaktplättchen eines Reed-Kontakts zu magnetisieren. Man wickelt die Spule um den Reed-Kontakt.
Jetzt liegen zwei Stromkreise vor: ein Stromkreis mit der Spule und ein zweiter Stromkreis, in dem der Reed-Kontakt als Schalter wirkt.
Ist der Stromkreis mit der Spule geschlossen, so ziehen sich die beiden Kontaktplättchen an und der Stromkreis mit dem Reed-Kontakt ist ebenfalls geschlossen. Umgekehrt wird der Reed-Kontakt geöffnet, wenn der Strom durch die Spule unterbrochen wird.

Reed-Kontakte benutzt man überall dort, wo man einen Schalter schließen muss, ohne ihn selbst anfassen zu müssen. Sie werden zum Beispiel bei Alarmanlagen als Kontakte an Fenstern eingesetzt. Man baut sie auch bei Modelleisenbahnen in das Gleis ein, so dass sie vom Magnet an einer vorüberfahrenden Lok geschaltet werden.

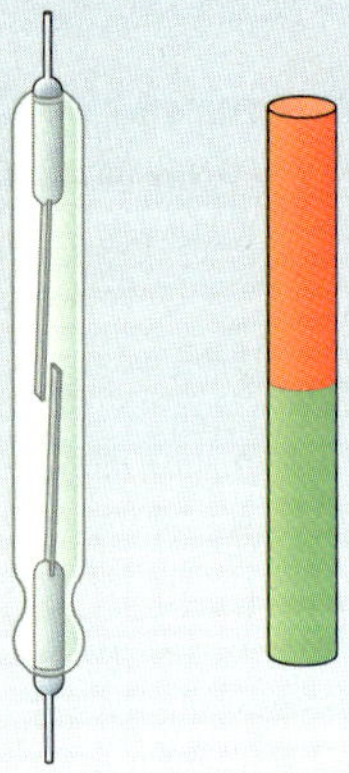

3 Reed-Kontakt

Elektrische Klingel und Türgong

Wird die Klingeltaste gedrückt (Abb. ➤1), so wird der Stromkreis geschlossen. Er besteht aus der elektrischen Quelle, der Klingeltaste, der Stellschraube – ihre Spitze drückt gegen ein Kontaktblech –, dem Kontaktblech und zwei hintereinandergeschalteten Elektromagneten.
Bei geschlossenem Stromkreis ziehen die beiden Elektromagnete den Klöppel zusammen mit dem Kontaktblech an. Der Klöppel schlägt gegen die Glocke. Dabei wurde aber bei der Stellschraube der Stromkreis unterbrochen – der Klöppel schwingt wieder zurück. Dadurch schließt er erneut den Stromkreis, der ganze Vorgang wiederholt sich, bis man die Klingeltaste loslässt.

Auch beim Türgong wird durch die Klingeltaste der Stromkreis für einen Elektromagnet geschlossen (Abb. ➤2). Dadurch wird der Eisenkern, der auf einem Kunststoffstab sitzt, in die Spule hineingezogen. Der Kunststoffstab schlägt auf das rechte Klangblech: Es macht „ding“. Lässt man die Klingeltaste los, so wird der Eisenkern nicht mehr festgehalten: Er wird zusammen mit dem Kunststoffstab durch eine Feder nach links geschleudert: Es macht „dong“!

Fragen

1 Erkläre, warum die Klingel nicht mehr funktioniert, wenn man die Stellschraube in Abb. ➤1 zu weit hineindreht!

2 Warum funktioniert die Klingel auch nicht, wenn man die Stellschraube zu weit herausdreht?

3 Woran erkennt man, dass die Feder bei einem Türgong nicht mehr genug Spannkraft hat?

4 Baue mit einem Reed-Kontakt als Schalter einen Stromkreis mit einer Lampe auf! Den Reed-Kontakt erhältst du im Elektronikgeschäft für weniger als 0,50 €.

5 Es gibt auch Reed-Kontakte mit 3 Anschlüssen (Abb. ➤4). Sie wirken als Umschalter. Aus welchem Material müssen die 3 Kontaktplättchen A, B, C hergestellt werden?

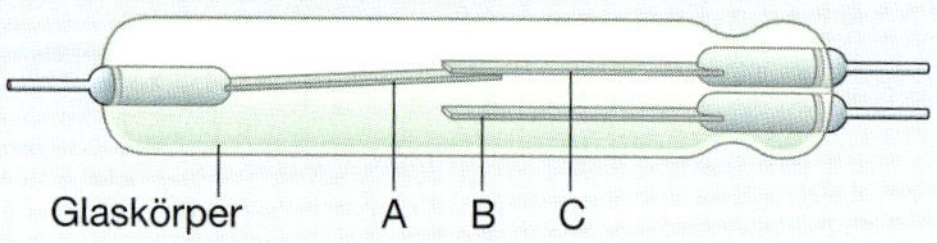

4

Kolumbus entdeckt Amerika

Am 3. August des Jahres 1492 brach Cristóbal Colón – später kurz ***Kolumbus*** genannt – mit 3 kleinen Schiffen von Spanien zu einer Reise in westliche Richtung auf. Vor ihm waren die Entdecker immer in der Nähe von Küsten gesegelt. Er wagte die Fahrt über das offene, unbekannte Meer. Länger als 2 Monate dauerte die Fahrt über das stürmische Meer bereits und noch war kein Land in Sicht. Die Mannschaft bekam Angst, sie begann zu murren. Sie schickte ihre Anführer zu Kapitän Kolumbus. Der konnte sie schließlich davon überzeugen, dass sie auf Land stoßen müssten, wenn sie immer genau in westliche Richtung steuerten. „Aber wie können wir sicher sein, unseren Kurs zu halten?“ fragten die Männer. Kolumbus zeigte ihnen seinen Kompass – mit ihm konnte er den Kurs bei jedem Wetter einhalten! Am 12. Oktober sichteten sie Land – eine Inselgruppe vor Amerika (Abb. ➤ 1)!
Eine kleine Magnetnadel hatte eine große Entdeckungsfahrt erst möglich gemacht!

1 Entdeckung der Antillen durch Kolumbus (aus: Epistola Christofori Columbi, 1494)

Magnetnadeln zeigen Richtungen an

Schon im Altertum war den Seefahrern bekannt, dass sich schwimmende Brettchen stets in die gleiche Richtung einstellen, wenn auf ihnen ein „Magnetstein“ liegt – ein eisenhaltiges, magnetisiertes Mineral. Später benutzte man zur Orientierung auf dem Meer einen Kompass.
Der Nordpol der kleinen drehbaren Magnetnadel im Kompass weist immer etwa nach Norden. Das zeigt, dass sich die Erde ähnlich wie ein riesiger Stabmagnet verhält. Da sich ungleichnamige Pole anziehen, muss demnach der magnetische Südpol der Erde in der Nähe des geografischen Nordpols liegen (Abb. ➤ 2). Entsprechend liegt der magnetische Nordpol in der Nähe des geografischen Südpols.

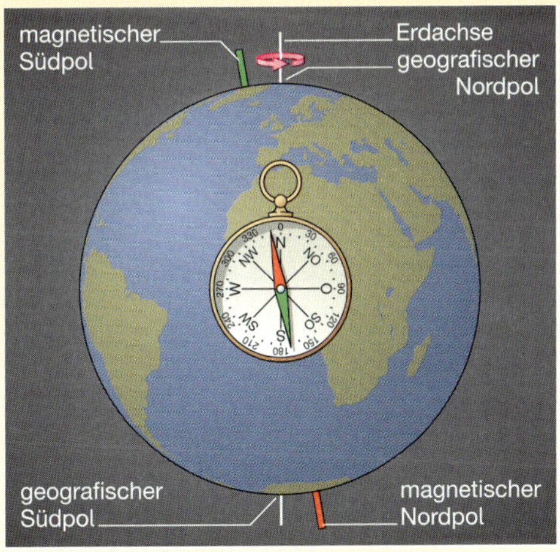

2 Die Erde ist ein großer, aber nicht allzu starker Magnet.

Allerdings fallen magnetischer Südpol und geografischer Nordpol nicht genau zusammen. Um die Richtung mit dem Kompass zu bestimmen, muss man deshalb die Kompassnadel nicht genau auf die N-Richtung, sondern auf einen kleinen Pfeil etwas daneben einstellen. Dieser Pfeil gilt aber nicht für alle Orte genau! Messungen haben ergeben, dass sich die Magnetpole der Erde – allerdings sehr langsam – immer wieder etwas verschieben. Man hat festgestellt, dass der „Magnet Erde“ auch Umpolungen erfahren hat! Zuletzt haben vor etwa 730 000 Jahren magnetischer Nord- und Südpol ihre Rollen getauscht.
Heute benutzt man Funksignale von Satelliten, um im Flug- und Schiffsverkehr Richtungen genau einhalten zu können.

Fragen

1 Warum zeigt die Kompassnadel nicht genau nach Norden?

2 Bei einem alten Kompass zeigt die Kompassnadel nach Süden. Woran kann das liegen? Wie könnte man den Kompass reparieren?

Wärme- und Lichtwirkung

Bei der Familie Müller funktioniert der Herd nicht mehr. Der herbeigerufene Elektriker hebt das Ceranfeld an und repariert den Schaden. Er schaltet den Herd wieder an und wartet eine Weile. Den Erfolg seiner Arbeit sieht er daran, dass die Heizdrähte zu glühen beginnen.

Nach der Reparatur erklärt der Elektriker, dass der Heizdraht durchgebrannt war.

Überlege dir weitere Beispiele, bei denen elektrischer Strom zur Erwärmung führt!

Grundwissen

Temperaturerhöhung durch elektrischen Strom

Der elektrische Strom hat eine Wärmewirkung. Die Temperaturerhöhung des Leiters hängt dabei von verschiedenen Einflüssen ab:
Je stärker der elektrische Strom ist, desto stärker erhöht sich die Temperatur des Leiters. Der gleiche Strom erhitzt einen dünnen Leiter stärker als einen dicken aus dem gleichen Material (Abb. ➤ 1).

Verwendet man ein anderes Material für den Leiter, so ergibt der gleiche Strom eine andere Temperaturerhöhung. Beispielsweise wird ein Eisendraht vom gleichen Strom schneller erhitzt als ein Kupferdraht gleicher Dicke und Länge.

Der elektrische Strom bewirkt eine Temperaturerhöhung des Leiters. Sie hängt vom Material und der Dicke des Leiters und von der Stärke des elektrischen Stromes ab.

Wenn man einen Draht aufwickelt, wird er heißer und glüht deutlich heller als der gestreckte Draht. In einem Experiment nach Abb. ➤ 2 kann man erkennen, dass ein aufgewickelter Draht bei schwachem Strom zunächst dunkelrot glüht. Erhöht man die Stärke des Stromes, leuchtet er immer heller, bis er weißes Licht aussendet. Die einzelnen Windungen der Wendel heizen sich gegenseitig auf und werden von der Luft nicht so gut gekühlt wie der gestreckte Draht.
Dieser Trick wird bei vielen elektrischen Geräten verwendet (Abb. ➤ 3). Andererseits kann eine Wendel auch leichter verbrennen oder schmelzen als ein gestreckter Draht.

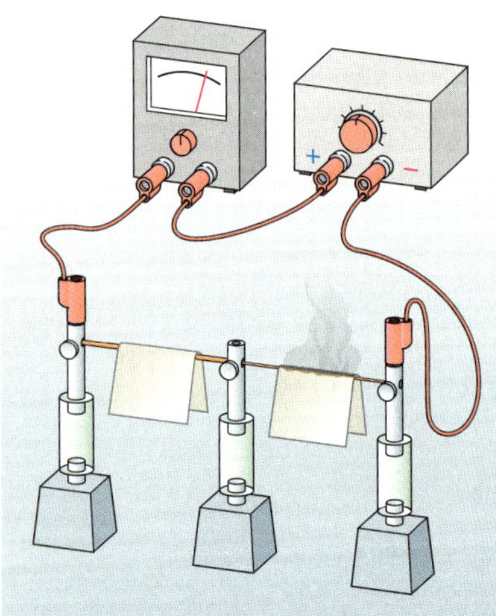

1

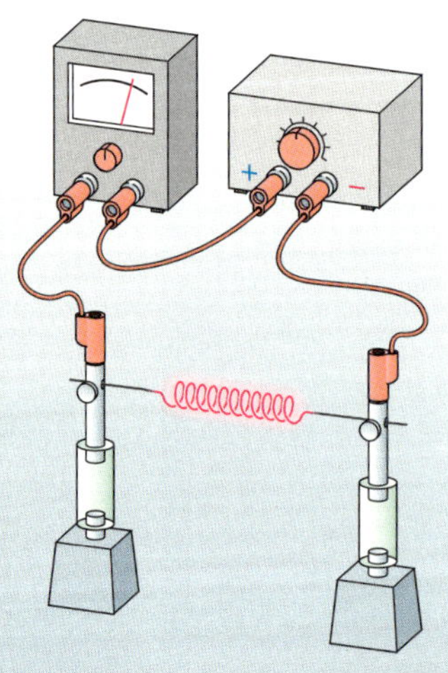

2

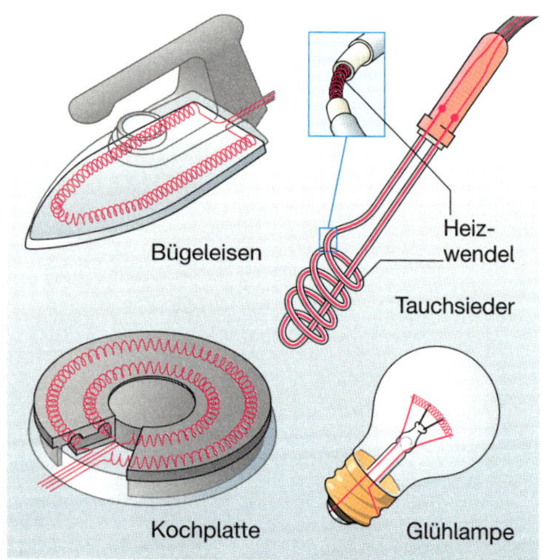

3 Haushaltsgeräte mit Heizspiralen

Aus der Geschichte der elektrischen Beleuchtung

Seit jeher versuchten die Menschen die Dunkelheit der Nacht durch künstliche Lichtquellen zu durchbrechen. Gewaltige Fortschritte in der Beleuchtungstechnik gelangen im 19. Jahrhundert. Durch die Erfindung der Petroleumlampe, des Gaslichts und des elektrischen Lichts wurden die künstlichen Lichtquellen heller und sicherer.

Bei der Suche nach einem elektrischen Glühlicht stellte sich heraus, dass glühende Fäden in einem luftleer gepumpten Glaskörper längere Zeit leuchteten ohne zu verbrennen.

Unter allen Erfindern von Glühlampen war ***Thomas Alva Edison*** (1847 – 1931) am erfolgreichsten. In seiner „Erfinderfabrik" wurden etwa 6000 Materialien für Glühfäden erprobt, z. B. Fäden aus Metallen, Holz, Seide, Flachs und Haaren. Am geeignetsten waren verkohlte Bambusfasern. Glühlampen mit diesen Kohlefäden wurden damals in großen Mengen hergestellt (Abb. ➤ 1). Kohlefadenlampen sandten ein gelbrotes Licht aus und hielten immerhin schon 500 Stunden.

Fast 50 Jahre dauerte die Entwicklung bis zur heute gebräuchlichen Glühlampe aus Wolframdraht (Abb. ➤ 2 links). Da Wolframdraht sich bis zu 2500 °C erhitzt, leuchten diese Lampen heller. Außerdem halten sie doppelt so lange wie die Kohlefadenlampen. Noch heller leuchten Halogenglühlampen (Abb. ➤ 2 rechts und 3). Bei ihnen befindet sich gasförmiges Brom im Glaskolben, das dem Verdampfen des Wolframdrahtes entgegenwirkt.

Ein weiterer Fortschritt gelang mit der Entwicklung von Leuchtstoffröhren (Abb. ➤ 4). In ihnen wird durch den elektrischen Strom ein Gas zum Leuchten gebracht. Zum einen sparen sie Energie und zum anderen halten sie 5- bis 10-mal länger als Glühlampen.
Seit einiger Zeit gibt es Energiesparlampen (Abb. ➤ 5), die wie normale Glühlampen in übliche Fassungen passen. Sie funktionieren wie Leuchtstoffröhren.

1 Edison-Lampe

2 Die Doppelwendel aus Wolfram in einer Glühlampe und einer Halogenglühlampe

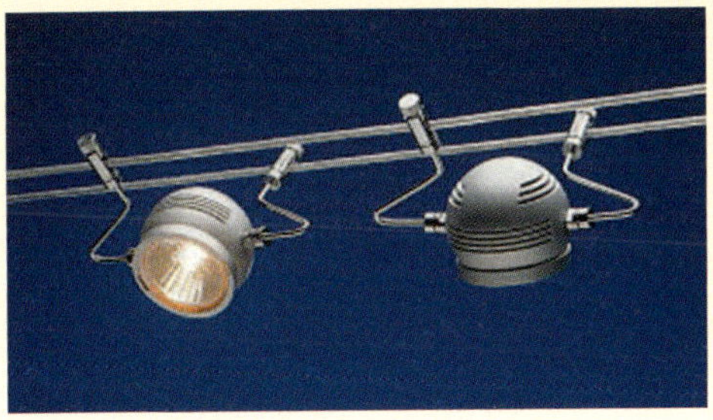

3 Halogenspots

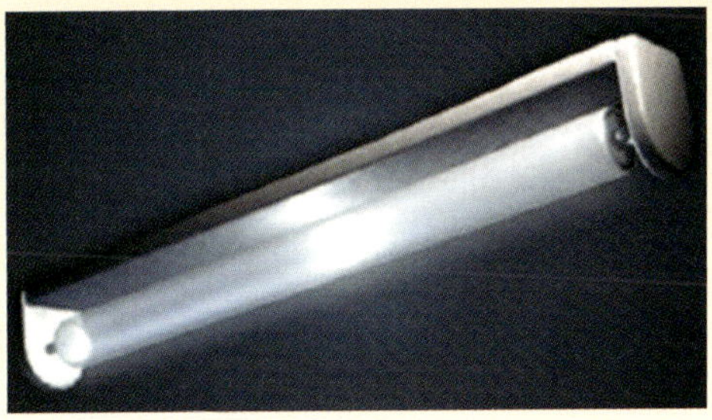

4 Leuchtstoffröhre

5 Enegiesparlampe

Wohnungsbrand – Es war ein Leguan

Kamp-Lintfort. DPA. Ausgerechnet eine Steckdose hat sich ein Leguan in Kamp-Lintfort am Niederrhein als „stilles Örtchen“ aufgesucht und so einen Wohnungsbrand entfacht. Das Feuer wurde schnell gelöscht.

Der Leguan hat laut Zeitungsbericht durch sein „Geschäft“ den Brand ausgelöst. Aber warum kam es zum Brand?

Grundwissen

Kurzschluss und Überlastung

V1 Wir schließen eine Glühlampe an eine Batterie an und benutzen dabei zwei Kabel, deren Isolierung jeweils an einer Stelle beschädigt ist, so dass das Kabel dort blank ist.
Nun bringen wir die beiden blanken Stellen zur Berührung und haben damit einen Kurzschluss hergestellt. Die Glühlampe leuchtet jetzt nicht mehr. Sie ist durch den ***Kurzschluss*** überbrückt.

> Bei einem Kurzschluss nimmt der elektrische Strom den Weg über die besser leitende Verbindung.

3 Die Folgen eines Kabelbrandes im Moskauer Fernsehturm am 27. August 2000

V2 In der Schaltung nach Abb. ➤ 1 werden die Lämpchen nacheinander durch Kurzschlussbügel überbrückt. Die überbrückten Lämpchen leuchten nicht mehr, dafür leuchten die verbleibenden heller: Der elektrische Strom ist stärker geworden. Würde man alle Lämpchen überbrücken, so wären die beiden Pole der Batterie direkt leitend miteinander verbunden und der Strom im Kurzschlusskreis ist sehr stark.

Solche starken Ströme können schlimme Folgen haben, denn sie können die Zuleitungen zur Quelle und auch die Quelle selbst sehr stark erwärmen. Vor allem bei Quellen mit großer elektrischer Spannung (z. B. 230 V) führt ein Kurzschluss oft zu Funkenbildung an der Kurzschlussstelle. Sowohl durch diesen Funken als auch durch den starken Strom kann es zu einer so großen Temperaturerhöhung kommen, dass ein Brand entsteht.

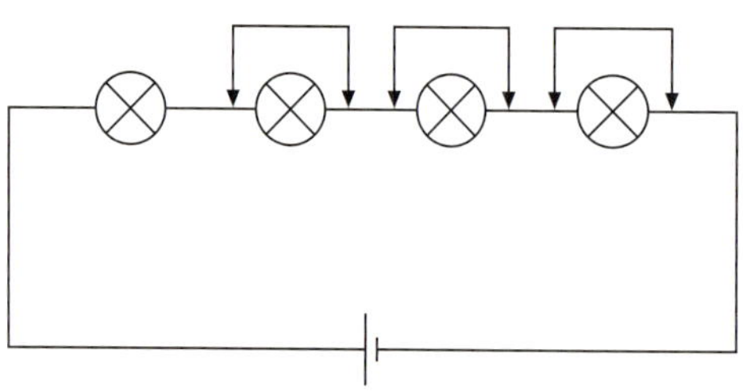

1 Zu Versuch 2

Zu einem zu starken Strom kann es aber auch kommen, wenn man zu viele Geräte an dieselbe Quelle anschließt:

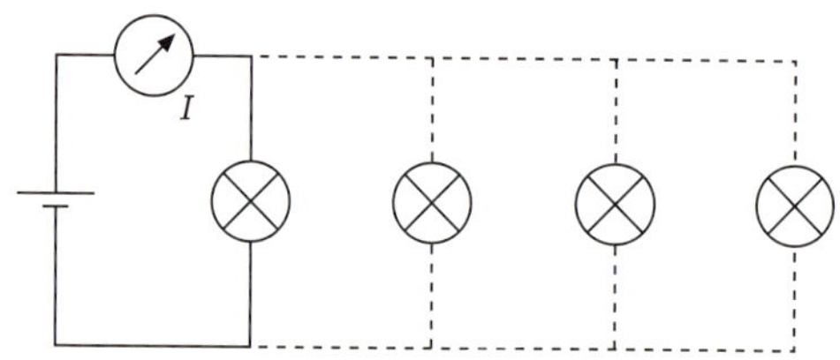

2

V3 In der Schaltung nach Abb. ➤ 2 werden nacheinander mehr Lämpchen an die gleiche Quelle angeschlossen. Dabei werden gemeinsame Zuleitungen benutzt und ein Strommesser zeigt den Strom in der Zuleitung an.

Der Strom kann in der Zuleitung durch zu viele angeschlossene Geräte zu groß werden, man spricht von ***Überlastung***. Auch durch Überlastung kann es zu einem Kabelbrand kommen (Abb. ➤ 3).

Fragen

1 Überlege: Muss ein Kurzschluss immer kurz sein?

2 Warum müssen die Zuleitungen, die zu einer Kabeltrommel führen, besonders dick sein?

Eine Schwachstelle zur Sicherheit

Marie sitzt an ihrem Schreibtisch und macht ihre Hausaufgaben. Da es schon spät am Nachmittag ist, hat sie die Schreibtischlampe eingeschaltet. Nebenan bohrt ihr Vater mit einer elektrischen Bohrmaschine Löcher in die Wand, um ein Regal aufzuhängen.

Das Geräusch nervt sie, aber plötzlich ist es ruhig und gleichzeitig ist das Licht ihrer Lampe ausgegangen. Gleich versucht sie das Licht wieder einzuschalten, aber es geht nicht. Dafür hört sie ihren Vater schimpfen. Weißt du was hier geschehen ist?

Grundwissen

Sicherungen

Eine Sicherung hat die Aufgabe bei einem Kurzschluss oder einer Überlastung den elektrischen Stromkreis zu unterbrechen, bevor es zu weiteren Schäden oder gar zu einem Brand kommen kann.

V1 In einen elektrischen Stromkreis werden nacheinander eine Glühlampe und ein Lamettafaden eingebaut. Dann wird die Glühlampe mit einem dicken Draht überbrückt (Abb. ➤ 1).
Durch den großen Kurzschlussstrom schmilzt der Lamettafaden durch und unterbricht den Stromkreis. Der Lamettafaden bildet hier eine absichtlich schwach gehaltene Stelle im Stromkreis. Bei zu hoher Stromstärke spricht diese als ***Sicherung*** an. Erst wenn der Kurzschluss beseitigt ist, kann man den Stromkreis mit einem neuen Lamettafaden, also einer neuen Sicherung, wieder in Betrieb nehmen.

Schaltzeichen einer Sicherung

> Eine Schmelzsicherung unterbricht den Stromkreis selbsttätig bei Kurzschluss oder Überlastung.

Schmelzsicherungen gibt es in vielen Bauformen. Außer in Häusern kommen sie z. B. auch im Auto und in Elektrogeräten vor (Abb. ➤ 2).

Damit der Schmelzdraht selbst keinen Schaden anrichten kann, befindet sich der Schmelzdraht in einem Gehäuse aus Keramik oder Glas und ist oft noch in Sand eingebettet.

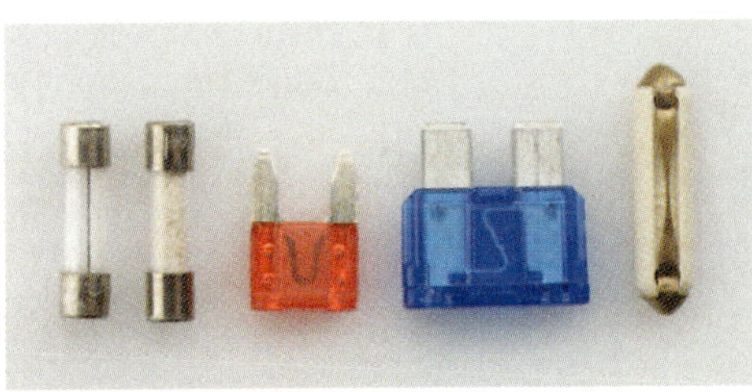

2 Verschiedene Schmelzsicherungen

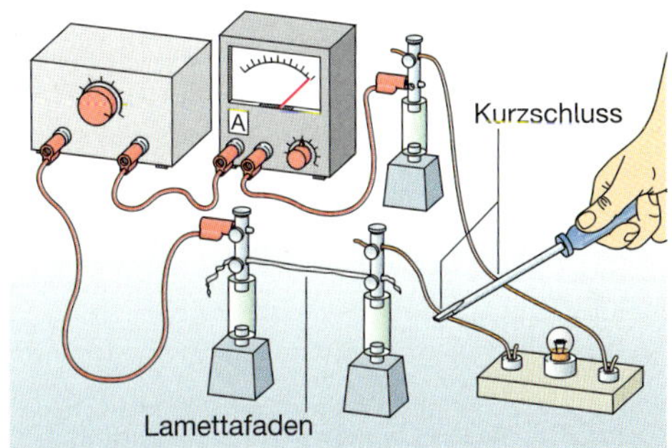

1 Modell einer Schmelzsicherung

In jedem Haus und in jeder Wohnung gibt es einen Stromkreisverteiler (Verteilerkasten), von dem die einzelnen Stromkreise abzweigen. Jeder Stromkreis ist mit einer Sicherung abgesichert.

Außer Schmelzsicherungen gibt es auch Sicherungsautomaten.
Während man Schmelzsicherungen nach dem Ansprechen ersetzen muss, kann man Sicherungsautomaten nach Beheben des Fehlers wieder verwenden, indem man einen Hebel oder Knopf betätigt. Solche Sicherungen nutzen die Wärmewirkung oder die magnetische Wirkung des elektrischen Stromes und unterbrechen den Stromkreis mithilfe eines Bimetallstreifens oder eines Elektromagnets.

Fragen

1 Warum gibt es für einige Geräte einen eigenen Stromkreis im Haus?

2 Wie muss man verfahren, wenn eine Sicherung angesprochen hat?

Physik überall

Die elektrische Anlage im Haus (Abb. ➤ 1)

Im Haus führt das Hausanschlusskabel zunächst sofort zum Hauptsicherungskasten (Abb. ➤ 3). Alle elektrische Energie, die in das Haus gelangt, fließt durch diese Hauptsicherung. Es handelt sich dabei meistens um Schmelzsicherungen.

Die Leitungen führen dann weiter zum Kasten mit den Zählern und den Wohnungssicherungen. Bei mehreren Wohnungen in einem Haus besitzt jede Wohnung meistens einen eigenen Sicherungskasten.

Die Wohnungssicherungen sind heute meist keine Schmelzsicherungen mehr, sondern Sicherungsautomaten.

Von dort aus geht es über die Verteilerdosen zu den Steckdosen und über die Schalter zu den Lampen. An jeder Verteilerdose verzweigen sich alle einlaufenden Leitungen. In den Wohnungen findest du die Verteilerdosen oft senkrecht über einer Steckdose. In jede Steckdose führen drei Kabel: der Außenleiter, der Neutralleiter und der sogenannte Schutzleiter (siehe Abb. ➤ 2).

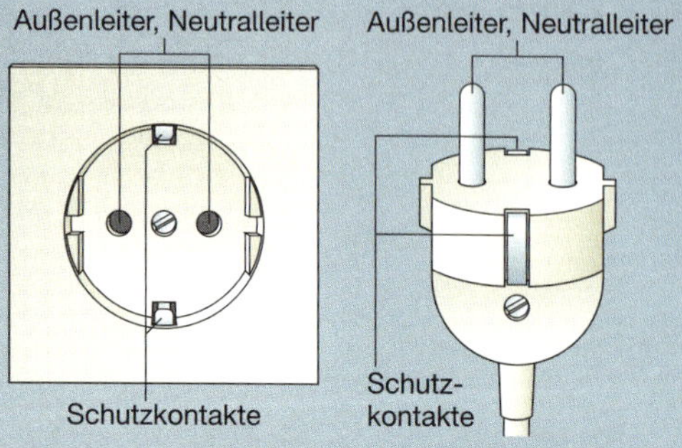

2 Außenleiter, Neutralleiter und Schutzleiter

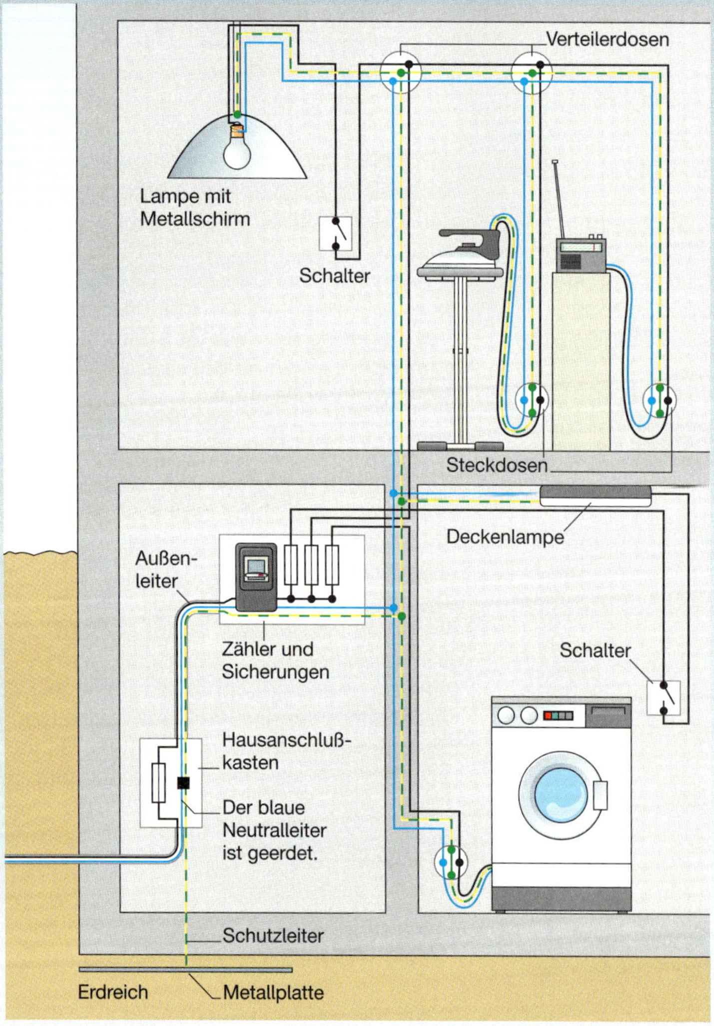

1 Die elektrische Anlage im Haus

3 Hausanschlusskasten mit Hauptsicherungen und Elektrozähler

Alle angeschlossenen Geräte sind parallel geschaltet. Geräte, die zum Betrieb einen besonders starken elektrischen Strom benötigen (z. B. Heizgeräte, Elektroherd, Waschmaschine, ...), werden meistens durch eigene Leitungen und eigene Sicherungen mit dem Zähler verbunden.

Frage

1 Durch welche Sicherung werden die Kabel bzw. elektrischen Geräte in Abb. ➤ 1 abgesichert?

Sicherheitseinrichtungen

1a Trotz Sicherung Lebensgefahr

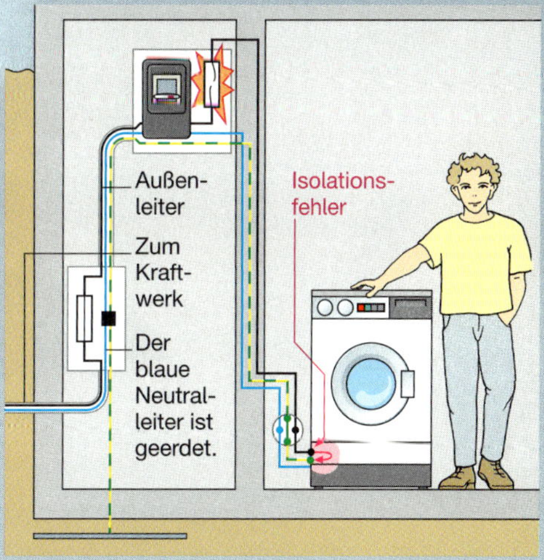

b Sicherheit durch Schutzleiter

Der Schutzleiter

Aus Sicherheitsgründen führen zu Steckdosen und manchen Geräten 3 Leitungen, obwohl doch zum Betrieb 2 Leiter genügen müssten!
Zum Betrieb der Geräte werden tatsächlich nur der Außenleiter (auch Phase genannt) und der Neutralleiter (auch Nullleiter genannt) benutzt. Sie sind mit dem Generator im Kraftwerk verbunden. Der Neutralleiter heißt so, weil er zusätzlich geerdet (leitend mit der Erde verbunden) ist. Nun kann es sein, dass sich im Innern eines Elektrogerätes Kabel lösen oder dass sich die Isolierhülle von Kabeln durchscheuert. Hat das Gerät ein Metallgehäuse und kommt dieses mit dem defekten Kabel in Kontakt, besteht Lebensgefahr! Ein ahnungsloser Benutzer, der das Gehäuse anfasst, schließt mit seinem Körper über die Erde den Stromkreis zwischen Außenleiter und Neutralleiter (Abb. ➤ 1a). Der Körper des Menschen ist ja ein Leiter!

Verbindet man Metallgehäuse von Elektrogeräten durch eine dritte, unabhängige Schutzleitung (gelbgrüne Isolation) direkt mit der Erde und tritt jetzt ein Isolationsfehler im Gerät auf, so entsteht sofort ein Kurzschluss, der die Sicherung unmittelbar auslöst (Abb. ➤ 1b).
Geräte, die ein isolierendes Kunststoffgehäuse haben, brauchen keinen Schutzleiter. Sie haben Flachstecker und tragen das Zeichen für „schutzisoliert" (Abb. ➤ 2).

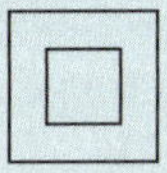

schutzisoliert

2 Zeichen für schutzisoliert

Der Sicherungsautomat

Eine durchgebrannte Schmelzsicherung muss man durch eine neue ersetzen. Den Sicherungsautomaten (Abb. ➤ 3) kann man immer wieder benutzen. Er funktioniert so: Der elektrische Strom wird im Automaten durch die Spule eines Elektromagneten geleitet. Ist der Strom durch Kurzschluss oder Überlastung zu stark, zieht der Magnet den Sperrhaken S ganz nach unten. Dann kann die Feder den Hebel nach unten ziehen. Jetzt verbindet der Metallstreifen M die beiden Kontakte 1 und 2 nicht mehr. Der Stromkreis ist geöffnet. Bevor man die Sicherung wieder einschaltet, muss man die Ursache der Störung beseitigen, denn der Sperrhaken S würde ja gleich wieder nach unten gezogen werden!

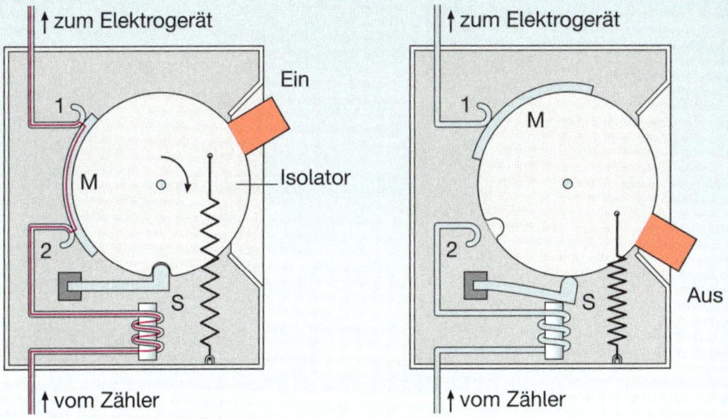

3 Das Innere eines Sicherungsautomaten

Ein wichtiger Sicherheitshinweis!
Berühre nie einen Verunglückten, der noch mit dem Stromkreis in Kontakt ist!
Schalte zuerst den Strom ab!

Geräte mit Thermostat

Hans fällt beim Besuch seiner Oma ein altes gußeisernes Gerät auf. Er fragt seine Großmutter, wofür sie dieses Gerät brauche. Sie antwortet: „Das ist ein Bügeleisen. Früher haben wir es vor dem Bügeln auf dem Küchenherd erwärmt. Der größte Nachteil war jedoch, dass es zunächst zu heiß und schon wenig später zu kalt war.
Heute regeln die elektrischen Bügeleisen automatisch ihre Temperatur."

Woran kannst du die Temperaturregelung eines Bügeleisens von außen erkennen?

Grundwissen

Temperaturregelung

Ein Bimetallstreifen verbiegt sich, wenn sich seine Temperatur ändert. Damit kann er einen Schalter eines Stromkreises öffnen oder schließen.
Mit diesem Trick gelingt es z. B. die Temperatur eines elektrischen Bügeleisens konstant zu halten.
Die nötige Temperaturänderung des Bimetallstreifens kann dabei durch die Wärmewirkung desjenigen elektrischen Stromes entstehen, den der Bimetallstreifen selber ein- und ausschaltet.
Abb. ➤ 1 stellt das Innere eines Bügeleisens dar. Wenn das Bügeleisen gerade eingeschaltet aber noch kalt ist, hält die Rückholfeder den Schalter geschlossen. Der Strom kann durch die Heizwendel fließen und das Bügeleisen erwärmt sich langsam. Der erwärmte Bimetallstreifen biegt sich immer weiter nach unten (Abb. ➤ 2) und öffnet bei einer eingestellten oberen Temperatur den Schalter. Dadurch wird der Strom unterbrochen und das Bügeleisen kühlt sich langsam wieder ab. Der Bimetallstreifen biegt sich beim Abkühlen wieder zurück und der Schalter wird durch die Feder wieder geschlossen. Diesen Vorgang nennt man ***Regelung***.
Die Temperatur des Bügeleisens schwankt also nur noch wenig. Eine solche Vorrichtung zur Temperaturregelung heißt ***Bimetall-Thermostat***.

> Ein Bimetall-Thermostat öffnet und schließt einen Stromkreis so, dass eine gewünschte Regeltemperatur in etwa beibehalten wird.

In Abb. ➤ 1 kannst du auch erkennen, wie die gewünschte Regeltemperatur eingestellt werden kann. Mit dem Regelknopf am Bügeleisen kann man den gesamten Bimetallstreifen nach unten oder oben verschieben. Schraubt man z. B. mit dem Regelknopf den Bimetallstreifen nach oben, so betätigt er den Schalter zur Unterbrechung des Heizstromkreises erst bei einer höheren Temperatur.

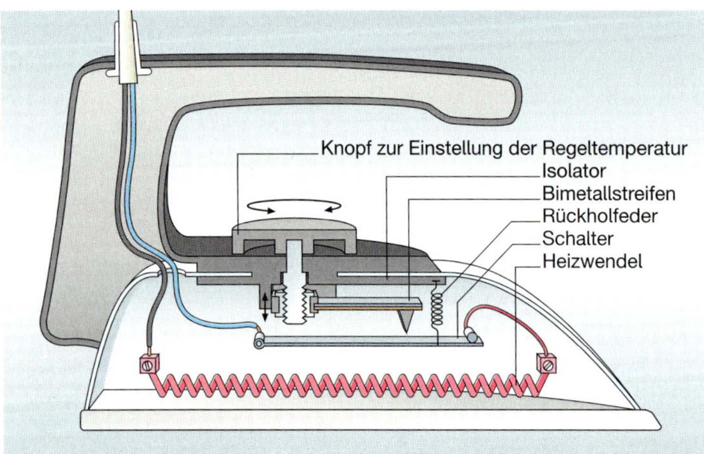

1 Das Innere eines Bügeleisens

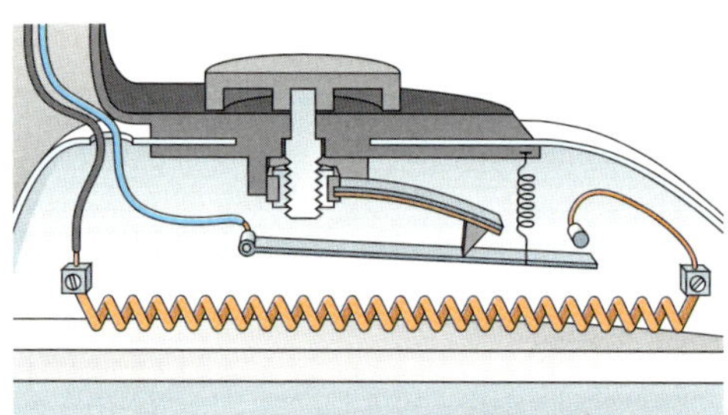

2 Der Bimetallstreifen öffnet den Stromkreis.

Verschiedene Darstellungsformen in der Physik

Sicherlich hast du schon einmal einen physikalischen Text über einen Versuch und seine Erklärung gelesen und ihn nicht sofort verstanden. Oft fällt es z. B. leichter anhand eines Bildes sich einen Versuchsaufbau vorzustellen. Für die vollständige Erklärung des Versuchs reicht das Bild wiederum nicht aus.
Je nachdem, was du über den Versuch wissen möchtest, eignen sich unterschiedliche Darstellungsformen.

Im folgenden Beispiel findest du drei verschiedene Darstellungsmöglichkeiten für einen Versuch.

Bildliche Darstellung

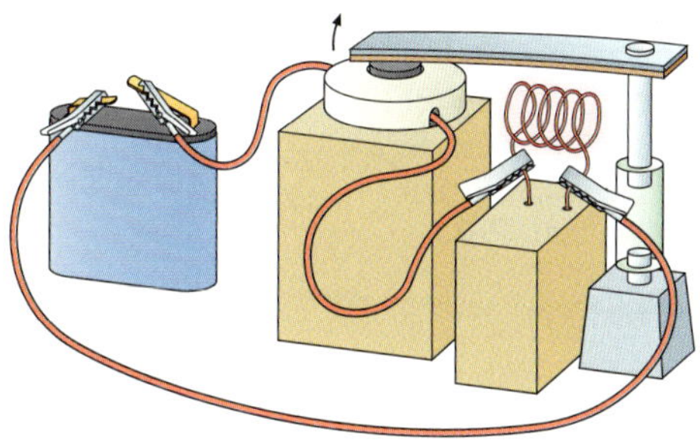

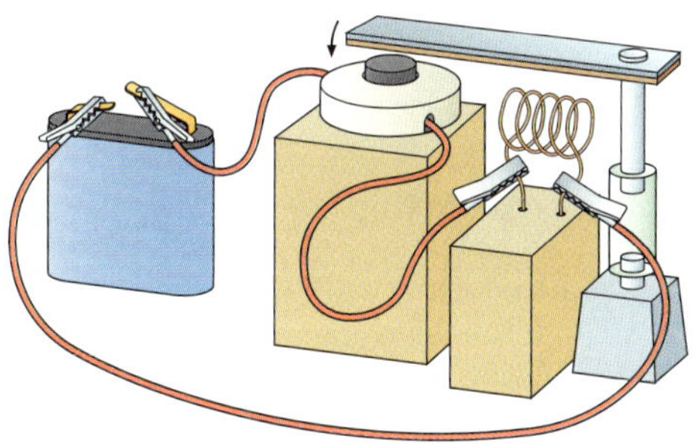

Sprachliche Darstellung

Wir stellen einen Klingelknopf so unter einen Bimetallstreifen, dass der Klingelknopf niedergedrückt wird und damit der Stromkreis geschlossen ist. Die Heizwendel beginnt zu glühen und erwärmt den Bimetallstreifen. Er biegt sich nach oben, gibt den Klingelknopf frei und unterbricht damit den Stromkreis. Die Heizwendel kühlt sich ab, ebenso der Bimetallstreifen. Dieser biegt sich wieder zurück, drückt auf den Klingelknopf und schließt den Stromkreis wieder.

Flussdiagramm

Start:
Die Batterie wird angeschlossen.

↓

In der Heizwendel ist Strom.

↓

Die Heizwendel erwärmt sich.

↓

Der Bimetallstreifen verbiegt sich.

↓

Der Bimetallstreifen gibt den Tastschalter frei. Dadurch wird der Stromkreis geöffnet.

↓

Die Heizwendel und der Bimetallstreifen kühlen sich ab.

↓

Der Bimetallstreifen biegt sich zurück und drückt auf den Taster. Dadurch wird der Stromkreis wieder geschlossen.

(→ zurück zu „In der Heizwendel ist Strom.“)

Fragen

1 Nenne Vor- und Nachteile der einzelnen Darstellungsformen.

2 Auftrag: In Abb. ➤1 auf Seite 66 findest du eine elektrische Klingel. Im zugehörigen Text wird ihre Funktionsweise erklärt. Erstelle ein passendes Flussdiagramm.

Elektrischer Strom und Energie

Anne, Cordula und Verena sind mit ihren Eltern an den Strand gefahren. Nach dem Baden wollen sie ihre nassen Haare trocknen. „Hast du den Camping-Föhn mitgenommen?“ fragt Anne ihren Vater. „Ja, der liegt im Handschuhfach“, antwortet er; dann ruft er ihnen noch hinterher: „Aber benutzt den Föhn nicht zu lange!“

Warum ist der Vater wohl so besorgt? Hat er Angst, dass die Haare seiner Töchter spröde werden oder gibt es vielleicht einen anderen Grund?

Grundwissen

Energieumsetzer

Der Föhn erwärmt Annes Haar; er gibt also Energie ab. Doch auf welche Weise bezieht er seinerseits die Energie? Keinesfalls geschieht dies über Wärmeleitung; sonst würden die Kabel während des Betriebes heiß. Vielmehr ist es der elektrische Strom in den Kabeln, der hier Energie von der Autobatterie zum Föhn transportiert.

> Wenn der Stromkreis geschlossen ist, transportiert der elektrische Strom Energie von der elektrischen Quelle zum elektrischen Gerät.

Im Föhn wechselt die Energie ihr Transportmittel; jetzt wird sie über die erwärmte Luft weitertransportiert. Die Energie bleibt also nicht beim Föhn, sondern wird sofort wieder abgegeben. Deswegen bezeichnet man den Föhn auch als einen ***Energieumsetzer***. Weitere Umsetzer sind der Tauchsieder, das Bügeleisen und die Rotlichtlampe.

Weitere Versuche zeigen, dass alle elektrischen Geräte Energie umsetzen.

> In elektrischen Geräten wird Energie umgesetzt; die Energie, die von der elektrischen Quelle kommt, wird sofort wieder abgegeben.

Fragen

1 Wovor hatte Annes Vater Angst?

2 Neben dem elektrischen Strom kennst du schon weitere Energietransportarten. Nenne sie! Bei welchen elektrischen Geräten spielen sie eine Rolle?

3 Oft werden Elektrogeräte als „Energieverbraucher“ bezeichnet. Warum ist das irreführend?

4 Wenn in Abb. ➤ 2 der Schalter geschlossen wird, wird das Schwungrad in Drehung versetzt.
Nun wird der Motor abgekoppelt. Berührt man jetzt das Rad mit der Hand, wird die Hand heiß.
Erkläre damit, dass der Motor auch ein Energieumsetzer ist.

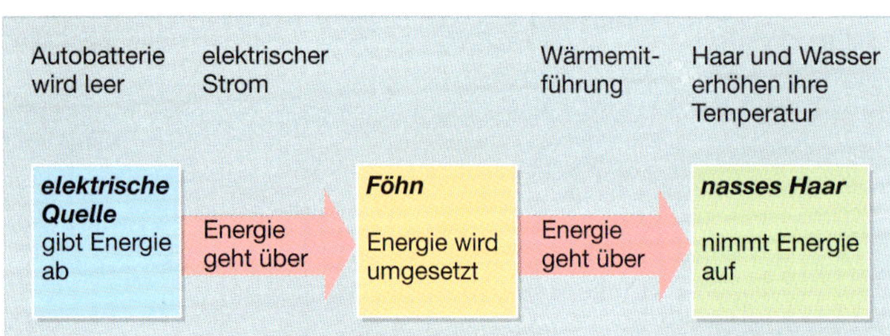

1 Energietransportkette zum Föhn als Energieumsetzer

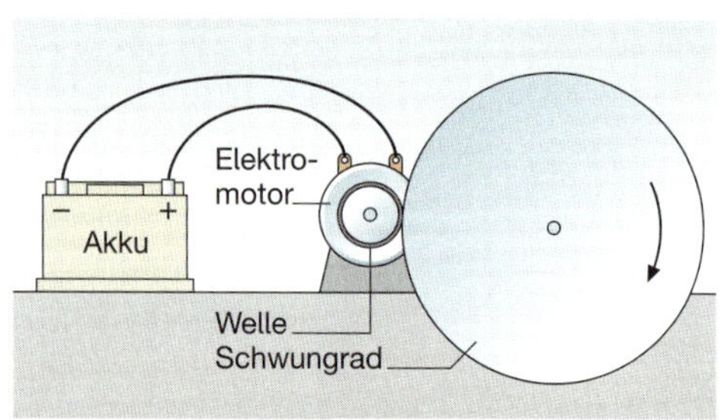

2 Elektromotor mit Schwungrad

Energieversorgung

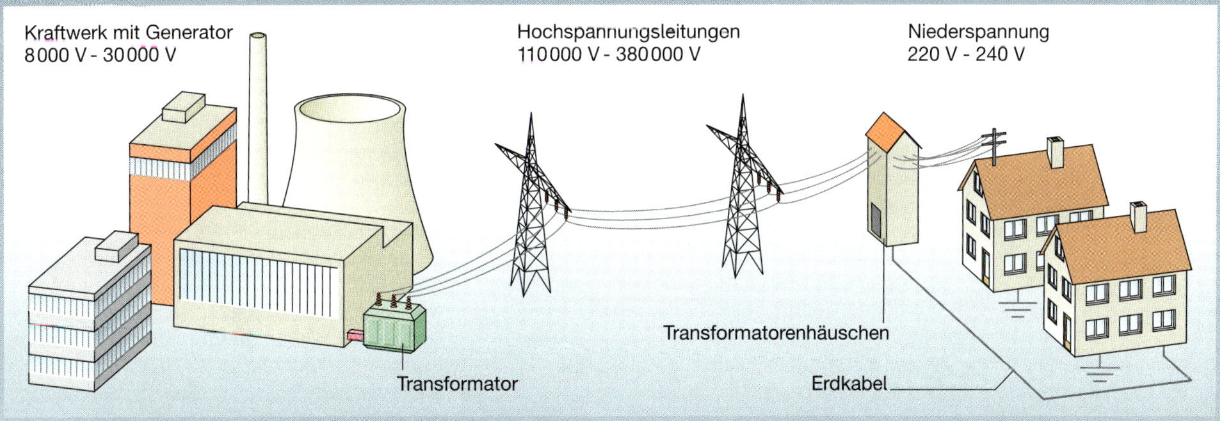

1 So werden Haushalte mit elektrischer Energie versorgt.

Vom Kraftwerk zum Haushalt

Die Abb. ➤1 gibt dir einen Überblick, wie unsere Haushalte mit elektrischem Strom versorgt werden und dadurch Energie für den Betrieb elektrischer Geräte erhalten. In jedem Kraftwerk befindet sich ein großer Dynamo, der Generator. Bei Wasserkraftwerken wird er vom strömenden Wasser mit Hilfe einer Schaufelradturbine angetrieben. In Öl-, Gas-, Kohle- und Kernkraftwerken wird zuerst Wasser erhitzt, bis es verdampft. Der Dampf treibt dann eine Turbine und diese einen Generator an. Die Spannung an den Anschlüssen des Generators beträgt zwischen 8000 V und 30000 V.

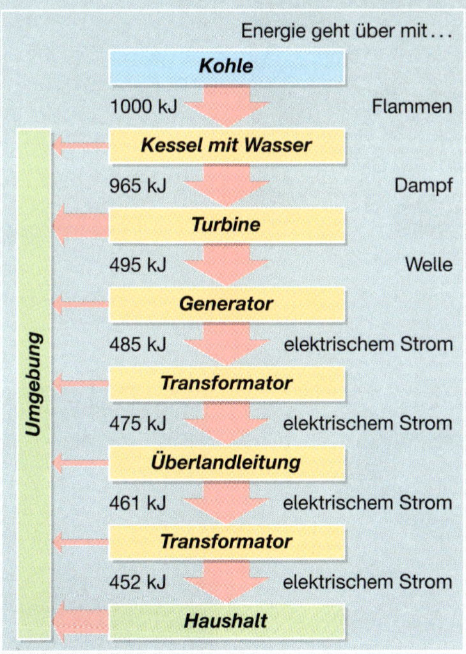

2 Energie unterwegs

Bringt man bei diesen Spannungen die elektrische Energie zu den Haushalten, so erwärmen sich die Fernleitungen sehr stark. Die Energie geht dabei nutzlos in die Umgebung. Das lässt sich vermeiden, wenn man die Energie bei wesentlich höheren Spannungen transportiert. Dazu setzt man Transformatoren ein. An unseren Häusern wird schließlich die übliche Spannung (220 V – 240 V) bereitgestellt.

Die Abb. ➤2 zeigt, dass von der im Kraftwerk eingesetzten Energie ungefähr nur ein Drittel in den Haushalten ankommt; der Rest geht in die Umgebung über. Zum Beispiel steigt beim Verbrennen der Kohle die Temperatur der Umgebungsluft und Flüsse werden erwärmt, wenn deren Wasser in den Kraftwerken zur Kühlung eingesetzt wird.

Auch die Haushalte selbst geben die empfangene Energie fast vollständig an die Umgebung ab und erwärmen sie dabei, so z. B. beim Kochen und Bügeln, aber auch beim Fernsehen oder Radio hören.

Fragen

1 Im Zusammenhang mit der Energieversorgung spricht man oft von Energieverlusten. Was versteht man darunter? Wo sind die Energieverluste am größten?

2 Mareikes Vater bohrt mit einer elektrischen Bohrmaschine ein Loch in die Wand. Führt dies auch zu einer Erwärmung der Umgebung?

3 Vergleiche Energie- und Wasserversorgung miteinander.

Rückblick

Auf den vorhergehenden Seiten hast du einige Versuche, neue Begriffe, Beobachtungen und Erklärungen kennen gelernt. Wenn du die folgenden Aufgaben bearbeitest, machst du dir selbst eine Zusammenfassung des Kapitels und kannst überprüfen, ob du das Wichtigste verstanden hast. Bist du an einer Stelle unsicher, dann sieh auf der angegebenen Seite noch einmal nach.

Gegenstände und Begriffe

1 Beschreibe den Aufbau
- ***a*** eines Elektromagnets. (→ S. 64)
- ***b*** einer Glühlampe. (→ S. 69)
- ***c*** eines Sicherungsautomaten und einer Schmelzsicherung. (→ S. 71/73)
- ***d*** eines Thermostaten in einem elektrischen Gerät. (→ S. 74/75)

2 Was versteht man unter
- ***a*** den Polen eines Magnets? (→ S. 64)
- ***b*** einem Heizdraht? (→ S. 68)
- ***c*** einem Kurzschluss? (→ S. 70)
- ***d*** einem Schutzleiter? (→ S. 72/73)

Beobachtungen

3 Was beobachtet man, wenn man
- ***a*** einen Magnet einem Stück Aluminium, einer Glasscheibe, einem Nagel und einem anderen Magnet nähert? (→ S. 65)
- ***b*** die Stromstärke in einem Draht immer weiter erhöht? (→ S. 68/69)
- ***c*** in einem Stromkreis den Schließkontakt bei einem Bimetall-Thermostat einmal oberhalb und einmal unterhalb des Bimetallstreifens anbringt? (→ S. 74/75)

Erklärungen und Erläuterungen

4 Erkläre bzw. erläutere
- ***a*** wie man magnetischen Nord- und Südpol unterscheiden kann. (→ S. 64/65)
- ***b*** wie man die Wirkung eines Magnets abschirmen kann. (→ S. 65)
- ***c*** wie eine elektrische Klingel funktioniert. (→ S. 66)
- ***d*** wodurch sich ein elektrischer Türgong in Aufbau und Funktion von einer elektrischen Klingel unterscheidet. (→ S. 66)
- ***e*** die Schwierigkeiten bei der Entwicklung der Glühlampe. (→ S. 69)
- ***f*** welche Energieumsetzungen bei einem elektrischen Bügeleisen auftreten. (→ S. 76)

Zusammenhänge

5 Formuliere mit eigenen Worten:
- ***a*** Warum besitzt die Erde in der Nähe des Nordpols einen magnetischen Südpol. (→ S.67)
- ***b*** Wovon hängt die Temperaturerhöhung eines Drahtes im Stromkreis ab. (→ S.68)
- ***c*** Wie verhält sich die Sicherung in einem Stromkreis im Normalbetrieb, bei Überlastung und bei einem Kurzschluss. (→ S. 71)

1 Kannst du diese Zauberei erklären?

2 Welche Eigenschaft des Stroms wird genutzt?

3 Was ist unter dem drehbaren Einstellknopf?

4 Welche Vorteile hat die Energiesparlampe?

Beispiele

1 Energie unterwegs

Zeichne eine Energietransportkette für einen Tauchsieder, der Wasser erhitzt.

Lösung:

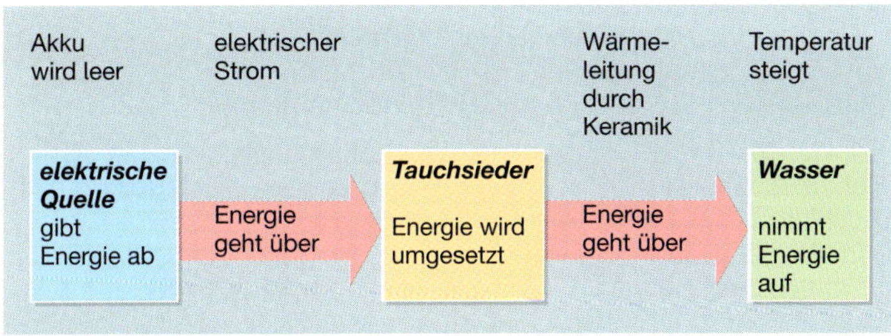

1 Energietransportkette

2 Sicherheit im Stromkreis

Warum baut man Sicherungen direkt an der elektrischen Quelle in Stromkreise ein?

Lösung:
Ein Kurzschluss zwischen den Zuleitungen vor der Sicherung führt nicht zum Auslösen der Sicherung! Dann könnte der starke Strom im Kurzschlussstromkreis einen Brand verursachen.

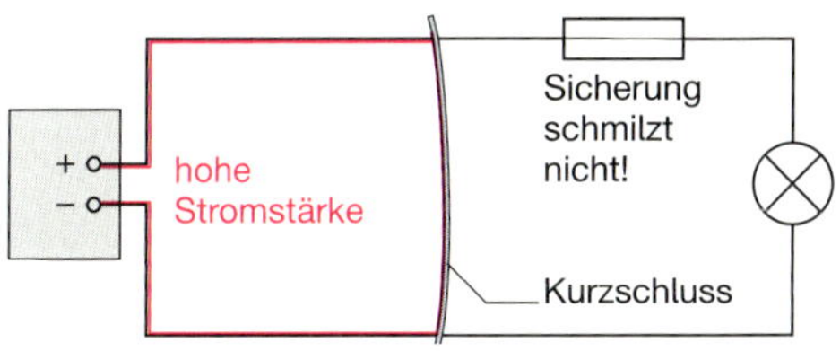

2

3 Relais

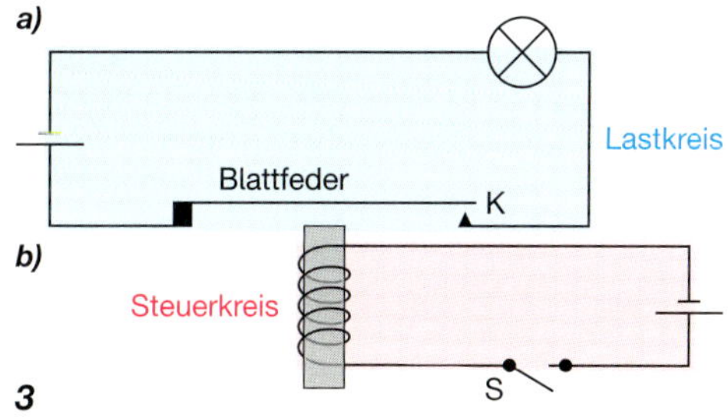

3

Abb. ➤3 zeigt den Aufbau eines elektromagnetischen Schalters, den man auch Relais nennt.

a) Erläutere, warum die Blattfeder den Kontakt K berührt, wenn der Schalter S geschlossen wird.

b) Was geschieht beim Öffnen des Schalters S?

c) Begründe, dass ein schwacher Strom im Steuerkreis (Stromkreis in Teil ***b)***) einen starken Strom im Lastkreis (Stromkreis in Teil ***a)***) ein- und ausschalten kann.

Lösung:

a) Schließt man den Schalter S, so zieht der Elektromagnet (Spule mit Eisenkern) die Blattfeder an. Dadurch wird der Lastkreis geschlossen.

b) Beim Öffnen des Schalters S wird der Magnet im Steuerkreis ausgeschaltet, die Blattfeder geht in ihre Ausgangslage zurück und der Lastkreis ist wieder geöffnet.

c) Ein schwacher Strom reicht aus, um den Magnet einzuschalten und die Feder (Schalter) anzuziehen.

Heimversuche

1 Der Kühlschrank schließt dicht

Untersuche die Kühlschranktür. Sie schließt ohne Schloss! Halte Büroklammern an das Dichtungsgummi rund um die Tür. Erläutere, wie der Verschluss funktioniert und warum er rings um die ganze Tür geführt ist.

2 Woraus bestehen unsere Münzen?

Untersuche Münzen von jeder Sorte mit einem Magnet. Welche werden angezogen? Was kannst du jetzt über die Beschaffenheit dieser Münzen aussagen?

3 Die magnetische Wirkung

Lege einen Nagel auf den glatten Tisch und bestimme die Entfernung, bei der er von einem Magnet gerade angezogen wird. Ändert sich diese Entfernung, wenn du ein Buch zwischen Magnet und Nagel hältst?

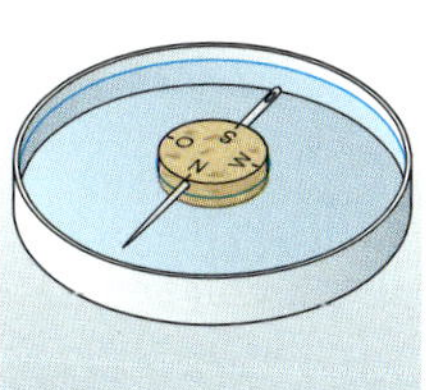

4

4 Ein selbst gebauter Kompass

Aus einer magnetisierten Nähnadel und einer Korkscheibe kannst du einen einfachen Kompass wie in Abb. ➤4 bauen.

5 Strom hat magnetische Wirkung

Schließe kurzzeitig (!) einen Draht an die Pole einer Flachbatterie an und halte ihn über einen Kompass. Pole dann die elektrische Quelle um. Beobachte die Nadel und beschreibe ihr Verhalten.

6 Der rotierende Kompass

Stelle vor einem Kompass einen Elektromagneten auf, der über einen Taster an eine elektrische Quelle angeschlossen ist. Versuche, die Magnetnadel in eine Drehbewegung zu versetzen, indem du den Stromkreis in passenden Augenblicken schließt!

Heimversuche

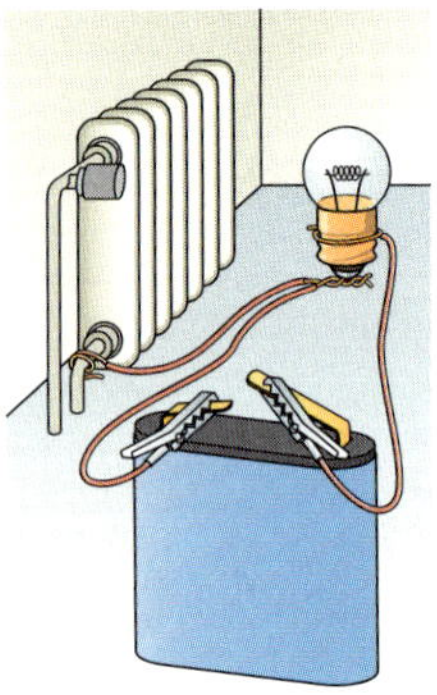

1 Zu Versuch 12

7 Haushaltsgeräte mit Thermostat

Welche Haushaltsgeräte bei dir zu Hause heizen mit elektrischem Strom? Welche Elektrogeräte haben einen Thermostat? Welchem Zweck dient dieser jeweils? Bei welchen Geräten kann man die Regeltemperatur einstellen?

8 Messungen bei einem Bügeleisen

Lass dir von einem Erwachsenen ein Bügeleisen mit einem Kontrolllämpchen für die Heizung einschalten. Es soll „hochkant" in seiner nicht entflammbaren Abstellmulde stehen. Miss über eine Zeit von 10 Minuten, wie viel Sekunden sich das Bügeleisen in der Einstellung SYNTHETIK in dieser Zeit einschaltet! Wiederhole die Messung bei der Stellung LEINEN und vergleiche!
Während des Bügelns schaltet sich das Bügeleisen bei gleicher Einstellung noch häufiger ein. Kannst du das begründen?

9 Energie„spar"lampen

Berühre vorsichtig das Glas einer Leuchtstoffröhre oder Energiesparlampe. Vergleiche Helligkeit und Temperatur mit einer Glühlampe. Was bedeutet das für die umgesetzte Energie?

10 Der Sicherungskasten

Lass dir einmal den Sicherungskasten in eurer Wohnung zeigen. Welche Art von Sicherungen enthält er? Zeichne die Sicherungen auf und schreibe jeweils dazu, für welche Räume oder Elektrogeräte die einzelnen Sicherungen bestimmt sind.

11 Geräte ohne Schutzleiter

Welche Geräte bei dir zu Hause haben ein schutzisoliertes Gehäuse? Zeichne den Stecker dieser Geräte!

12 Eine Schaltung wird geerdet

In einer Schaltung aus Batterie und Lämpchen wird eine Zuleitung mit der Wasserleitung oder dem Heizungsrohr verbunden (Abb. ➤ 1). Überlege, ob das Lämpchen noch leuchtet, wenn eine Zuleitung mit einer anderen mit der Erde verbundenen Leitung verbunden wird. Baue die Schaltung nach und überprüfe deine Antwort.

Auch beim Stromnetz, an das die Haushalte angeschlossen sind, ist ein Leiter im Stromkabel, der Neutralleiter, mit der Erde verbunden. Beeinträchtigt das den Stromkreis eines Elektrogerätes?

Fragen

Zu Dauer- und Elektromagneten

1 In manchen Spielzeugen sind Magnete eingebaut. Berichte, welche Aufgaben sie dort haben.

2 In welche Richtung bewegt sich der Magnet in Abb. ➤ 2?
Was wäre, wenn die Magnetpole nicht gekennzeichnet wären? Wie müsste man vorgehen, um sie zu bestimmen?

3 Welcher Zusammenhang besteht bei einem Elektromagnet zwischen ***a)*** Magnetkraft und elektrischem Strom und ***b)*** zwischen Magnetkraft und Windungszahl der Spule? Formuliere „Je..., desto..."-Sätze!

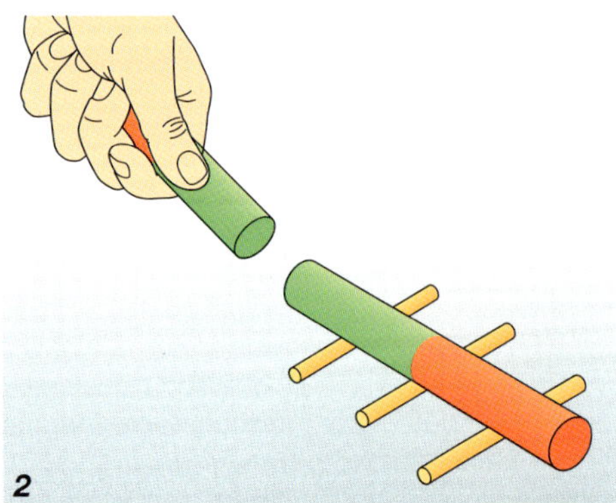

2

4 Nur eine von zwei äußerlich gleichen Nadeln ist ein Magnet. Wie kann man herausfinden, welche es ist?

5 Ursulas Hausschlüssel ist in einen schmalen Spalt gefallen, in den sie nicht mit der Hand hineinfassen kann. Mit einem langen Nagel und einem Magnet schafft sie es, den Schlüssel wiederzubekommen. Wie hat sie es gemacht?

6 Der magnetische Südpol liegt etwa auf 76° nördlicher Breite und 102° westlicher Länge. Suche ihn im Atlas! Welche Insel liegt dort? Der magnetische Nordpol liegt auf etwa 65° südlicher Breite und 140° östlicher Länge. Zeichne den Festlandsockel am Südpol und trage die Lage von Südpol und magnetischem Nordpol ein!

7 Weshalb besteht das Gehäuse eines Kompasses aus Kunststoff oder Messing und nicht aus Eisen?
Nenne andere Stoffe, die dafür geeignet wären!

Fragen

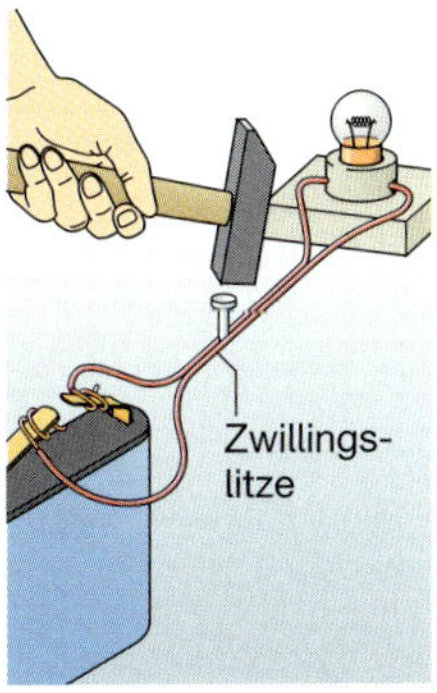

1

Zu Wärmewirkung und Sicherung

8 Durch welche Teile einer Glühlampe fließt der elektrische Strom?
Fertige eine Zeichnung an und trage den „Strompfad“ bunt ein!

9 Was geschieht in einer Glühlampe, wenn sie „durchbrennt“?

10 Warum verwendet man nicht Eisen als Material für den Glühdraht einer Lampe?

11 Warum pumpt man die Luft aus dem Glaskolben einer Glühlampe heraus?

12 Warum wird das Zuleitungskabel zu einem Tauchsieder nicht heiß, obwohl der Tauchsieder selbst hohe Temperaturen erreicht?

13 Hans will die Leitung so befestigen wie in Abb. ➤ 1 dargestellt. Was sagst du dazu?

14 Erkläre die Wirkungsweise einer Schmelzsicherung!

15 Warum bestehen die elektrischen Zuleitungen zu Häusern aus besonders dicken Drähten?

16 Warum muss man einen Fehler im Leitungsnetz zuerst beheben, bevor man eine neue Sicherung einsetzt?

17 Wieso können durch Sicherungen Brände verhindert werden?

Zu Geräten mit Thermostat

18 Warum ist ein Thermostat für eine Aquariumheizung nötig?

19 Wie funktioniert der Thermostat in einem Kühlschrank?
Zeichne ein Schaltbild mit Bimetallstreifen!

20 Im Heißluftstrom eines Föhns und eines Wäschetrockners ist ein Bimetallschalter eingebaut. Warum?

Zu elektrischer Strom und Energie

21 Welche Energieumsetzer gibt es im Haushalt, beim Auto, beim Fahrrad? Wohin geht die Energie jeweils? Wo geht Energie in die Umgebung?

22 Der Elektrizitätszähler im Haus misst die Energie, die vom Kraftwerk angeliefert wird. Beobachte ihn, wenn jemand eine Glühlampe, ein Bügeleisen, den Wäschetrockner oder ein anderes elektrisches Gerät einschaltet. Was stellst du fest?

23 Zeichne ein Energiediagramm für den in Abb. ➤ 2 dargestellten Modelleisenbahnversuch, bei dem die Lok einen Güterwagen anschiebt.

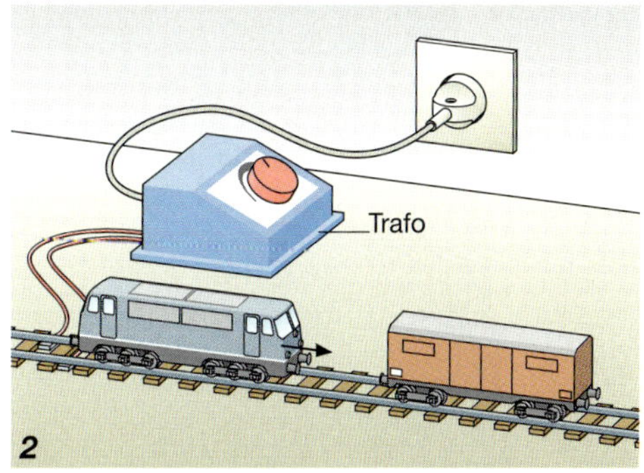

2

Zu Stromversorgung

24 Was wäre, wenn alle Geräte in einem Haus in Reihe und nicht parallel geschaltet wären?

25 Warum sichert man die elektrische Anlage einer Wohnung nicht mit einer einzigen Sicherung?

26 Kann man die Steckdose als elektrische Quelle bezeichnen?

27 Beim Aufbau einer Schaltung soll man aus Sicherheitsgründen die Verbindung zur elektrischen Quelle zuletzt herstellen. Warum?

28 Warum ist es für die Sicherheit egal, wenn man einen Stecker mit Schutzkontakten andersherum in die Steckdose steckt?

Weitere Fragen

29 Eine Monozelle bringt eine Haushaltsglühlampe nicht zum Leuchten, obwohl ein geschlossener Stromkreis vorliegt. Warum?

30 Eltern verschließen oft die Steckdosen, damit kleine Kinder nicht spitze, dünne Gegenstände in sie stecken. Warum ist es lebensgefährlich, mit solchen Gegenständen an Steckdosen zu hantieren, obwohl es doch den Schutzleiter gibt?

31 Warum dürfen elektrische Geräte im Haushalt nicht mit nassen Händen bedient werden?

In einem Dom mit seinen unterschiedlich verglasten Fenstern beobachtet man vielfältige Lichterscheinungen – hell beleuchtete und dunkle Stellen, unterschiedliche Farben an Fenstern und im Inneren. Manchmal erkennt man auch die Lichtbündel, durch die man den Weg des Lichtes von den Fenstern bis zum Auftreffen auf dem Boden verfolgen kann!
Warum sieht man solche Lichtbänder nicht auch im beleuchteten Zimmer? Hast du sie schon bei anderer Gelegenheit beobachtet?

V1 Halte das linke Auge zu und betrachte mit dem rechten Auge den Hasen. Du wirst dabei nicht nur den Hasen, sondern gleichzeitig auch den Igel rechts davon sehen.

Führe nun das Buch langsam an das Auge heran und wieder weg – blicke dabei aber weiter fest auf den Hasen! In einem ganz bestimmten Abstand ist der Igel scheinbar verschwunden!

Wiederhole den Versuch mit dem linken Auge: Betrachte mit ihm genau den Igel. Diesmal müsste der Hase in einem bestimmten Abstand des Buches verschwinden.

V2 Stelle auf das aufgeschlagene Buch wie in Abb.➤1 verschiedene Gegenstände: Glasscheibe, Heft, Papierblatt, Spiegel, Plastikfolie, Butterbrotpapier. Richte im abgedunkelten Raum ein enges Lichtbündel aus deiner Taschenlampe schräg auf diese Gegenstände!

Schreibe jeweils auf, wie hell es auf den Buchseiten davor und dahinter ist!

2 Zu Versuch 4

V3 Hier eine „Knobelaufgabe“ für deine Freunde: Lege einen kleingedruckten Text auf den Tisch und stelle deine Taschenlampe im abgedunkelten Raum so auf, dass der Lichtkegel den Text nicht trifft.

Die Aufgabe: Wie kann man den Text lesen, ohne die Taschenlampe zu berühren oder ein anderes Hilfsmittel wie Spiegel, weißen Schirm oder Ähnliches zu Hilfe zu nehmen?

Die Lösung: Lenke das Licht mit der Hand, die du vor die Lampe hältst und wie einen Spiegel benutzt, um! Du wirst sehen: der Text wird so beleuchtet, dass er zu lesen ist!

1 Zu Versuch 2

Eine wesentliche Eigenschaft unserer Augen besteht darin, dass wir Farben unterscheiden können. Aber auch hier sind wir nicht vor Täuschungen sicher! Führe dazu den folgenden Versuch selbst durch:

V4 Halte vor deine Taschenlampe ein farbiges Transparentpapier. Betrachte Abb.➤2 in einem abgedunkelten Raum im farbigen Licht!
Blicke fortwährend auf diese Abbildung, während die Zimmerbeleuchtung eingeschaltet wird!
Wiederhole den Versuch mit einem andersfarbigen Transparentpapier!

Vom Sehen

Eine Nachtwanderung bildet den Höhepunkt des Aufenthalts der Klasse 6A im Landschulheim. Einige Kinder haben ihre Taschenlampen mitgenommen. Tina knipst ihre Lampe an und sieht im Lichtkegel Peter. „Wer leuchtet mich da an?" ruft Peter. Erkennt er Tina wirklich nicht? Was sieht Peter?

Grundwissen

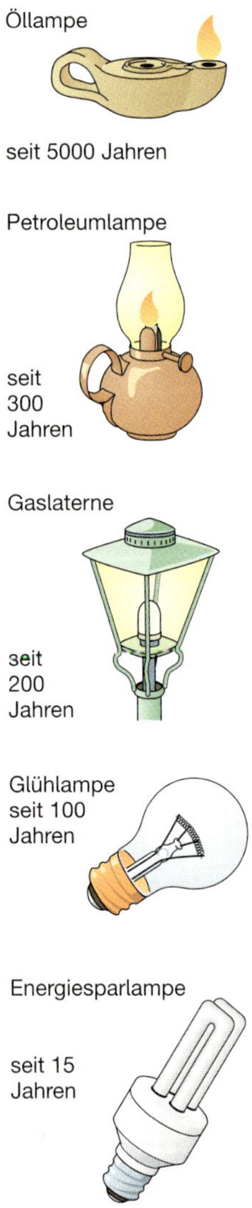

1 Lichtquellen

Wann sehen wir etwas?

Ein gutes Sehvermögen reicht nicht aus, um wirklich etwas zu sehen! Im völlig abgedunkelten Raum, in „stockdunkler" Nacht oder mit geschlossenen Augen sieht man nichts!
Obwohl Tina in der obigen Geschichte die Augen offen hat, kann sie die Glühlampe ihrer Taschenlampe nicht sehen, weil sich zwischen Augen und Glühlampe ein Hindernis befindet: ein Teil des Taschenlampengehäuses.
Für Peter gilt das nicht. Er kann die leuchtende Glühlampe sehen.

> Einen Körper kann man sehen, wenn von ihm Licht ausgeht und dieses Licht in unser Auge gelangt.

Jeden Gegenstand, der Licht erzeugt, nennt man ***Lichtquelle***. Beispiele dafür sind etwa eine Glühlampe oder eine Kerzenflamme, die Sonne oder ein Glühwürmchen. Abb. ➤ 1 zeigt Lichtquellen, die im Laufe der Entwicklung neuer Techniken von Menschen genutzt wurden.

Obwohl Peter in der obigen Geschichte selbst keine Lichtquelle ist, kann Tina ihn sehen. Das Licht der Glühlampe geht zunächst zu Peter und von dort aus in Tinas Augen.

> Gegenstände, die selbst kein Licht erzeugen, kann man nur sehen, wenn sie von einer Lichtquelle beleuchtet werden. Das Licht gelangt dann von der Lichtquelle zum Gegenstand und von dort in unser Auge.

Die meisten Gegenstände, die man sieht, sind keine Lichtquellen, sondern beleuchtete Körper.
Auch der Mond ist ein Beispiel dafür: Er wird von der Sonne beleuchtet – das Sonnenlicht gelangt über die Mondoberfläche in unser Auge.

V1 Auf einem Blatt Papier erzeugen wir einen Fettfleck. Wir stellen das Blatt zwischen zwei gleichen Lampen auf, die es beleuchten (Abb. ➤ 2). Je nachdem, ob das Blatt näher an der einen oder anderen Lampe steht, erscheint der Fettfleck heller oder dunkler als seine Umgebung. Steht das Blatt genau in der Mitte, so ist der Fettfleck „unsichtbar" geworden!

Der Versuch zeigt:

> Wir können die Form von Gegenständen nur dann erkennen, wenn sich der Gegenstand durch andere Helligkeit oder andere Farbe von seiner Umgebung unterscheidet.

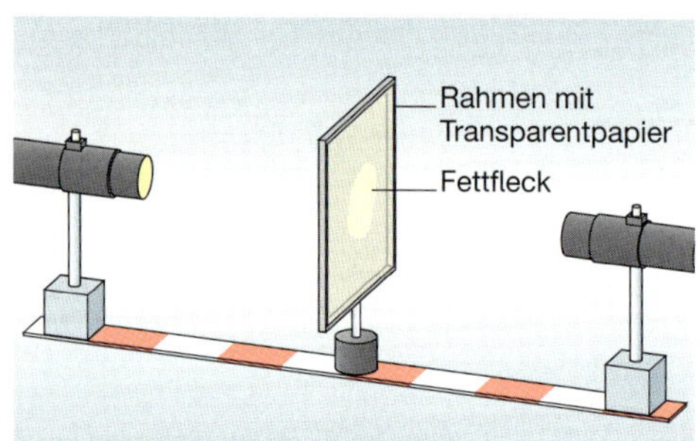

2 Fettfleckphotometer

Grundwissen

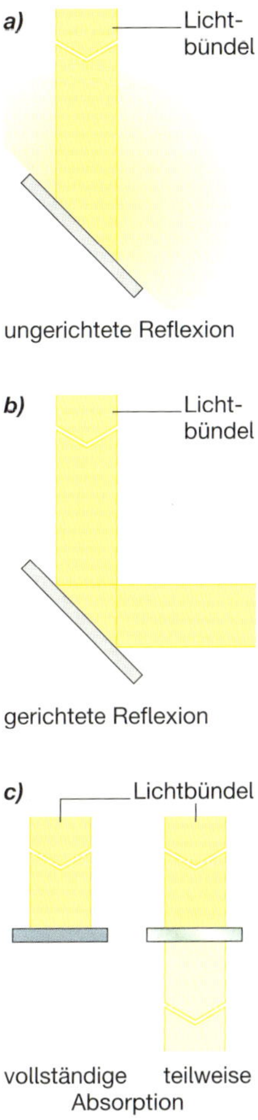

1 Reflexion und Absorption

Licht trifft auf Körper

Was geschieht mit dem Licht, das auf einen Körper trifft?

V1 Wir lassen im abgedunkelten Raum ein schmales Lichtbündel aus einer Lampe auf verschiedene Körper (weiße Pappe, schwarze Pappe, Spiegel und Glasscheibe) treffen.
Können wir den beleuchteten Körper aus allen Richtungen sehen?

Wir stellen fest, dass die weiße Pappe und der Spiegel das Licht ***reflektieren***, das heißt: Sie werfen es zurück.
Von der weißen Pappe wird das Licht in alle Richtungen reflektiert – wir können sie aus allen Richtungen sehen und das Licht erreicht einen großen Teil des Raumes wie bei einer „indirekten Beleuchtung". Diese Art der Reflexion nennt man ***ungerichtete Reflexion*** (Abb. ➤ 1a).

Ein Spiegel dagegen reflektiert das Licht nur in eine Richtung, aus allen anderen Richtungen erscheint er daher dunkel. Hier spricht man von ***gerichteter Reflexion*** (Abb. ➤ 1b). Sie tritt nur bei ganz glatten Oberflächen auf.

Bei gerichteter Reflexion wird ein Lichtbündel von einem Körper nur in eine Richtung reflektiert.
Bei ungerichteter Reflexion wird das Licht in viele Richtungen reflektiert.

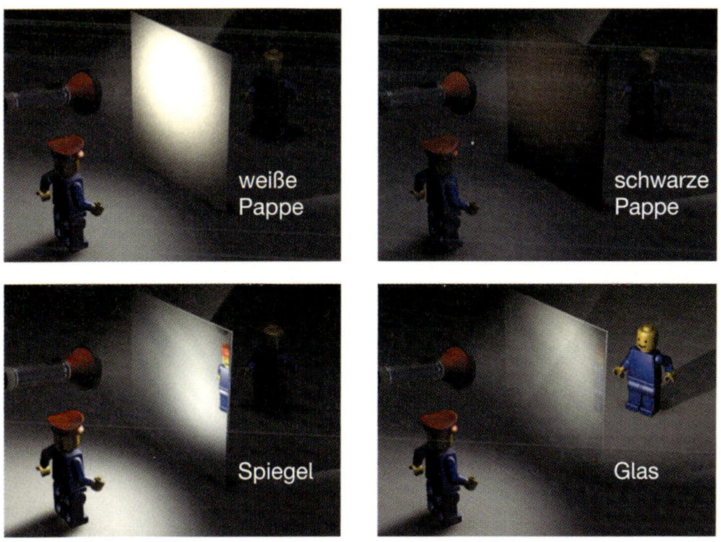

2 Licht trifft auf verschiedene Körper.

V2 Zusätzlich stellen wir vor und hinter jeden der Körper aus Versuch 1 Spielzeugfiguren (Abb. ➤ 2).
Kann man die Spielzeugfiguren vor und hinter dem Körper erkennen, d. h. gelangt Licht zu ihnen?

Die meisten Körper sind für das Licht undurchlässig. Da sie auch nur einen Teil des Lichts reflektieren, wird ein weiterer Teil des Lichts von ihnen ***absorbiert*** (verschluckt). Je nachdem, welcher Anteil des Lichtes absorbiert wird, spricht man von vollständiger oder teilweiser Absorption (Abb. ➤ 1c).

Eine Glasscheibe reflektiert einen Teil des Lichts. Ein anderer Teil des Lichts wird vom Glas durchgelassen. Je dicker die Glasscheibe ist, desto weniger Licht kommt auf ihrer Rückseite an – auch Glas absorbiert einen Teil des Lichts. So ist es auch beim Wasser: Je tiefer ein Taucher kommt, desto dunkler wird es! Tiefseetaucher nehmen deshalb Lampen mit.

Licht wird von Körpern mehr oder weniger stark durchgelassen, absorbiert oder reflektiert.

Milchglasscheiben sind zwar lichtdurchlässig, doch wird das Licht in der Scheibe an kleinen weißen eingelagerten Teilchen ungerichtet reflektiert. Daher kann man Gegenstände durch die Scheibe nicht mehr klar erkennen. Man nennt dieses Glas ***durchscheinend***, normales Glas dagegen ***durchsichtig***.

Fragen

1 Nenne Beispiele von Körpern, an denen Licht ***a)*** gerichtet ***b)*** ungerichtet reflektiert wird!

2 Nenne Beispiele für durchscheinende, durchsichtige und undurchsichtige Körper!

3 In einem dunklen Raum beobachtest du von der Seite, wie Licht auf weißes Papier und auf einen Spiegel fällt. Warum sieht das Papier hell aus, der Spiegel dagegen dunkel?

Wir sehen Farben!

1 Tautropfen

2 Farbiges Licht – der Regenbogen

Einen Regenbogen (Abb. ➤ 2) siehst du selten – nur dann, wenn gleichzeitig Regentropfen und Sonnenlicht in bestimmter Richtung vorhanden sind! Aber auch an Schneekristallen oder kleinen Tautröpfchen, die morgens an Grashalmen oder Spinnweben hängen, kannst du im Sonnenlicht ein farbiges Glitzern beobachten (Abb. ➤ 1).

In einem Versuch können wir diese Vorgänge nachahmen:
Wir ersetzen das Sonnenlicht durch das Licht eines Overheadprojektors (Abb. ➤ 3a). Zwei Hefte begrenzen ein schmales Lichtbündel. Wir lassen das Lichtbündel auf einen Glaskörper mit dreieckiger Grundfläche, ein ***Prisma***, fallen und beobachten das Licht auf der Wand. Wir erkennen ein Farbband. Es zeigt Farben wie bei einem Regenbogen. Man nennt dieses Farbband ein ***Spektrum***.

Das farbige Licht, das wir sehen, kommt von der Lampe. Vermutlich ist es in dem „weißen“ Licht, das wir vor dem Prisma nachweisen, schon vorhanden und das Prisma hat nur die einzelnen Farbanteile getrennt. Wenn das stimmt, müsste man weißes Licht erhalten, wenn man alle Anteile des Spektrums wieder zusammenführt.

Das überprüfen wir in einem zweiten Versuch: Wir halten beim 1. Versuch eine Linse zwischen Prisma und Wand in den Lichtweg. Die Linse bündelt das Licht auf einen engen Raum. Wir erkennen: Wenn wir alle farbigen Lichtanteile aus dem Spektrum zusammenführen, erhalten wir wieder weißes Licht.

Rotes (blaues, gelbes, ...) Glas oder Transparentpapier wirken als ***Filter***. Sie lassen nur das rote (blaue, gelbe, ...) Licht durch, die übrigen Anteile werden absorbiert. Auf diese Weise können wir jeden Farbanteil einzeln erhalten.
Trifft grünes Licht auf einen Blumenstrauß (Abb. ➤ 4 rechts), so kann auch nur grünes Licht reflektiert werden. Wird der Strauß mit weißem Licht, also mit allen Farbanteilen, beleuchtet, so sehen wir den Strauß bunt (Abb. ➤ 4 links). Eine Rose absorbiert beispielsweise alle Farbanteile aus dem weißen Licht außer dem roten. Diesen reflektiert sie und sie erscheint uns daher rot.

Im Spektrum von Glühlampen sind die Farbanteile ähnlich vertreten wie im Spektrum des Sonnenlichts. Das Spektrum von Energiesparlampen (Abb. ➤ 3b) ist dagegen anders zusammengesetzt. Deshalb wirken auch die Farben von Kleidungsstücken in künstlichem Licht oft anders als im Sonnenlicht.

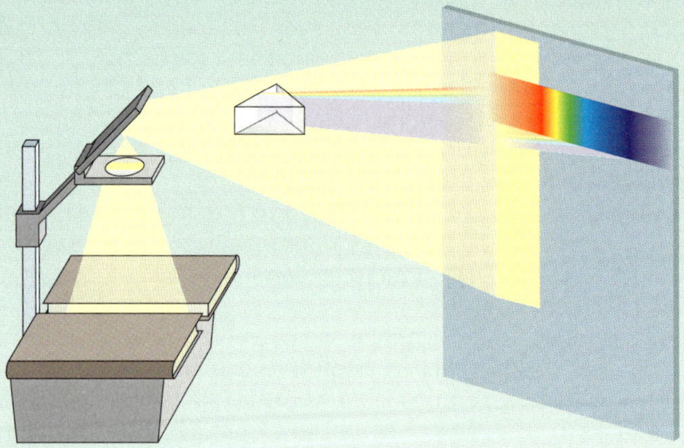

3a) Erzeugung eines Spektrums

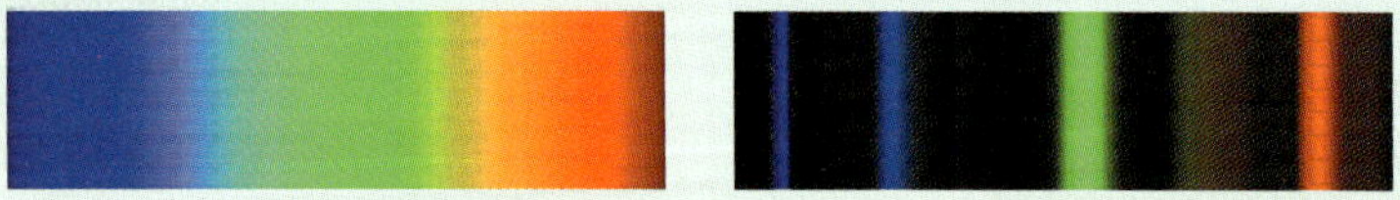

3b) Spektrum von Glühlampe (links) und Energiesparlampe (rechts)

4 Körperfarben ändern sich mit der Beleuchtung.

Licht im Verkehr

1 Lichtquellen ermöglichen den Straßenverkehr auch nachts.

2 Lebenswichtig: gut sehen und gut gesehen werden

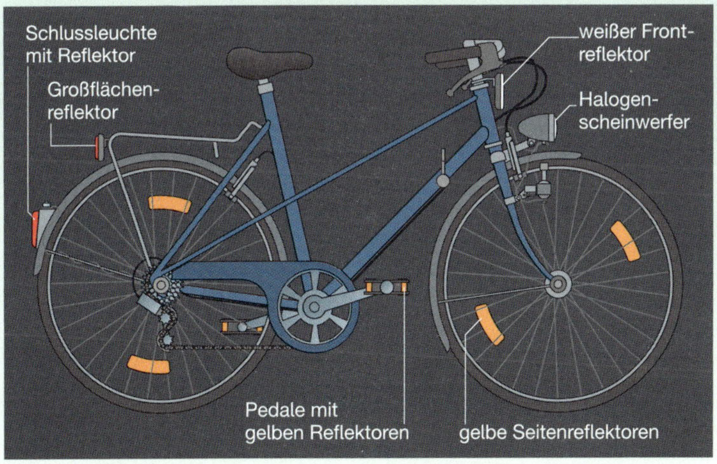

3 Lichtquellen und Reflektoren am Fahrrad

In Abb. ➤1 siehst du, welche Bedeutung Licht im Straßenverkehr hat: Ampeln regeln den Verkehr, Straßenlampen oder Autoscheinwerfer machen die Straße, Verkehrsschilder und andere Verkehrsteilnehmer sichtbar, Rücklichter warnen den nachfolgenden Verkehr.
Leider gibt es auch störende Lichterscheinungen, z. B. Spiegelungen auf der nassen Fahrbahn und Blendungen durch grelle, falsch eingestellte Scheinwerfer!
Aber nicht nur im Straßenverkehr ist Licht wichtig – auch Flugzeuge und Schiffe, U-Bahnen und Fernschnellzüge sind auf Licht und Lichtsignale angewiesen!

Für alle Verkehrsteilnehmer ist die Regel wichtig: ***Man muss selbst gut sehen und von anderen gut gesehen werden!***

Das siehst du in Abb. ➤2: Der Autoscheinwerfer erfasst zwar beide Fußgänger, aber die dunkle Kleidung des rechten Fußgängers absorbiert beinahe alles Licht – er wird zu spät erkannt! Durch die helle Kleidung und die reflektierende Armbinde ist die linke Fußgängerin dagegen schon von weitem sichtbar.

Als Fußgänger und vor allem als Radfahrer musst du für deine eigene Sicherheit und für die Sicherheit der anderen Verkehrsteilnehmer Sorge tragen.
Beachte deshalb: Der ***Scheinwerfer*** gibt das Licht ab, mit dem du Straße, Straßenbegrenzung und Hindernisse bei Dunkelheit erkennen kannst – an ihnen wird das Licht ungerichtet reflektiert. Du solltest die Beleuchtung nicht erst dann einschalten, wenn du selbst nicht mehr alles siehst! Es ist mindestens ebenso wichtig, dass dein Fahrrad für Autofahrer schon von weitem durch das abgestrahlte Licht zu erkennen ist!
Überprüfe deshalb regelmäßig, ob der Scheinwerfer Licht abgibt und richtig eingestellt ist: Das Licht muss die Straße weit genug ausleuchten, aber ein zu hoch eingestellter Scheinwerfer blendet andere Verkehrsteilnehmer.
Eine funktionierende ***Schlussleuchte*** (Rücklicht) schützt dich davor, von anderen Verkehrsteilnehmern übersehen zu werden, die dich überholen. An mehreren Stellen am Fahrrad müssen ***Reflektoren*** (Rückstrahler) angebracht sein, die auftreffendes Licht reflektieren und dadurch zusätzlich Schutz bei Dunkelheit bieten: ein weißer Reflektor beim Scheinwerfer, ein roter über dem Rücklicht und an der „Abstandskelle", gelbe Reflektoren an den Speichen und an den Pedalen. Scheinwerfer, Rücklicht und Reflektoren können nur wirksam werden, wenn sie nicht verschmutzt sind!

Lichtempfänger

Bei strahlendem Sonnenschein sitzen Peter und Rosi mit ihren Eltern am Mittagstisch auf der Veranda. Ach, denkt Peter, jetzt genieße ich die Sonne pur. Er setzt sich nur mit der Badehose bekleidet in die pralle Sonne.

Während des Essens wird es ihm auch richtig warm. Rosi ist dies zu hell, sie trägt eine Sonnenbrille und nimmt bei ihren Eltern unter dem Sonnenschirm Platz.

„Du, Peter", sagt Mutter am Ende des Essens, „hol mal den Nachtisch aus dem Keller!" Peter geht ins abgedunkelte Haus und ruft nach draußen: „Hilfe, ich sehe überhaupt nichts!" – „Hilf mal deinem Bruder!" meint Mutter zu Rosi, die daraufhin ebenfalls ins Haus geht. Sie findet sich sofort zurecht. Wieso verhalten sich beide in dem dunklen Raum anders? – Peter geht es abends schlecht. Woher könnte das kommen?

Grundwissen

Auge und Haut – zwei unterschiedliche Lichtempfänger

Mit den Augen erkennen wir hell und dunkel, unterscheiden Farben und sehen die Gegenstände vor uns. Abb. ➤ 2 zeigt den Aufbau der Augen.
Beim Sehen gelangt das Licht durch die ***Hornhaut***, die ***Pupille***, die ***Linse*** und durch verschiedene Schichten bis zur ***Netzhaut***. Dabei wird die Pupille je nach Dunkelheit oder Helligkeit größer oder kleiner und lässt mehr oder weniger Licht ins Auge. Auf der Netzhaut befindet sich eine große Zahl lichtempfindlicher und unterschiedlich spezialisierter Nervenzellen. Die einen unterscheiden hell und dunkel, die anderen erkennen die verschiedenen Farben. Von ihnen werden Lichtreize an bestimmte Bereiche ins Gehirn weitergeleitet. Letzteres formt diese Reize erst zu Bildern.
Sonnenlicht enthält eine energiereiche Strahlung, die sogenannte Ultraviolett-Strahlung (UV-Strahlung). Gelangt sie auf unsere Haut, so kann es zu Veränderungen der Hautzellen kommen, die zu einer Bräunung führen oder gar einen Sonnenbrand nach sich ziehen.

1 Bewegungsmelder

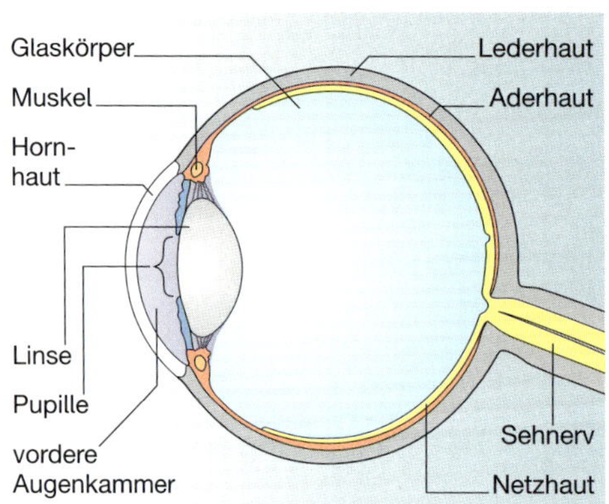

2 Der Aufbau unserer Augen

Technische Lichtempfänger

Nähert sich bei Dunkelheit eine Person einem „***Bewegungsmelder***" (Abb. ➤ 1), so schaltet dieser eine Lampe ein. In ihm sind zwei unterschiedliche elektronische Sensoren, die wie Schalter funktionieren, in Reihe geschaltet: eine ***Fotodiode*** und ein Temperatur-Sensor. Die Fotodiode reagiert auf Helligkeitsunterschiede und schaltet ab einem bestimmten Wert, der Temperatur-Sensor auf Temperaturunterschiede, die durch die Bewegung von Menschen oder Tieren ausgelöst werden.

Der ***Fotoapparat*** ist ein technischer Lichtempfänger, der auf dem ***Film*** ähnlich wie die Netzhaut im Auge Bilder aufnehmen kann. Winzige Körnchen auf der Filmschicht werden durch das Licht verändert und nach dem Entwickeln des Films hell, dunkel oder verschieden farbig. An Stelle des Films tritt bei ***Digitalkameras*** ein ***elektronischer Bildsensor***, Dieser wandelt das Bild zur Speicherung und Weiterverabeitung im Computer in elektrische Signale um.

Fragen

1 Wie verhält sich unser Auge, wenn in einem dunklen Raum das Licht angeht?

2 Im Winter kann es im schneebedeckten Hochgebirge durch die UV-Strahlung zu einer sonnenbrandähnlichen Entzündung der Hornhaut, der sogenannten Schneeblindheit, kommen. Wie kann man sich davor schützen?

3 Warum schaltet der Bewegungsmelder tagsüber die Lampe nicht an?

Energie unterwegs mit Licht

Aufbruch ins Solarzeitalter
Solarmobile im Wettrennen

(op) Das ist der stolze Sieger „Spirit of Biel II“ aus der Schweiz, der das härteste Solarrennen der Welt in Australien gewann. Dabei legte er die Distanz von 3004,76 km in 46 Stunden und 23 Minuten zurück. Sein Elektromotor wird …

Woher erhält der Elektromotor des Solarmobils seine Energie und wer transportiert sie? Welche Vorteile ergeben sich?

Grundwissen

Licht und Energie

Mit dem Sonnenlicht können wir nicht nur sehen, sondern erhalten wir auch Energie, z. B. wird ein schwarzer Körper heiß. Auch der Versuch in Abb. ➤ 1 verdeutlicht dies: Schaltet man die Lampe ein, so setzt sich der Elektromotor in Bewegung. Dies zeigt, dass in ihm Energie umgesetzt wird. Diese Energie hat auf ihrem Weg dorthin mehrere Umsetzungsprozesse durchgemacht: Sie stammt zunächst aus dem Akku, der sie durch den elektrischen Strom an die Glühlampe abgibt. Hier wird die Energie umgesetzt; mit dem Licht gelangt sie zur Solarzelle. Dort wird sie abermals umgesetzt und erreicht über den elektrischen Strom den Motor.

> Glühlampe und Solarzelle setzen Energie um. Energie kann auch mit Licht transportiert werden.

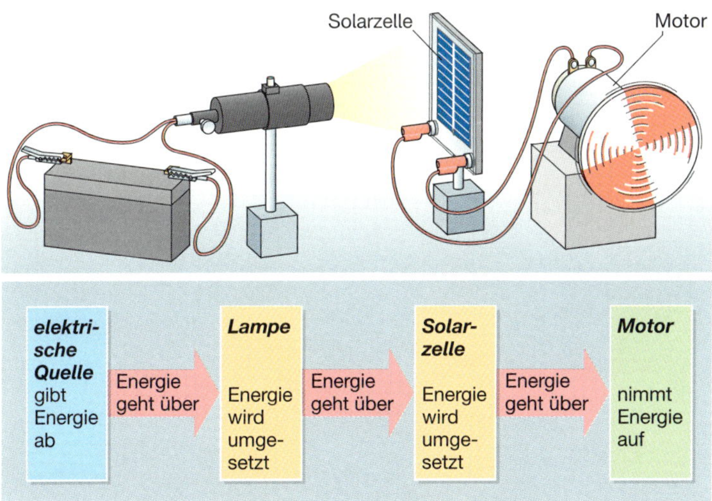

1 Licht kann Energie transportieren (oben), zugehörige Energietransportkette (unten)

Nur ein Teil der von dem Akku abgegebenen Energie erreicht den Motor. So wird z. B. in der Glühlampe ein Teil der Energie zur Temperaturerhöhung des Lampengehäuses und der Luft abgezweigt. Immer häufiger werden Solarzellen zum Betrieb von elektrischen Geräten eingesetzt. So findet man sie z. B. bei Taschenrechnern, Uhren, Messstationen, Signaleinrichtungen, Radios oder Weidezäunen. Sie beziehen ihre Energie nicht nur umsonst von der Sonne, sie ersparen uns häufig auch die Herstellung und Entsorgung von Batterien oder Akkus.

Die Energie, die durch das Licht von der Sonne zur Erde transportiert wird, spielt auch für das Leben auf der Erde eine Rolle: Ohne Sonne wäre es hier nicht nur stockdunkel, sondern auch bitterkalt. Körper, z. B. die Erde, die Ozeane, die Luft usw., können Licht absorbieren, sodass ihre Temperatur steigt und wir insgesamt ein erträgliches Klima haben. Die Pflanzen benötigen Licht zur Herstellung des Zuckers, den sie zum Leben brauchen. Andererseits sind Pflanzen wieder eine Nahrungsquelle für Mensch und Tier.

Fragen

1 Wie kann man nachweisen, dass der sich bewegende Motor in dem obigen Versuch (Abb. ➤ 1) Energie enthält?

2 Nenne Beispiele aus Natur und Technik, bei denen die von Licht transportierte Energie zu einer Temperaturerhöhung von Körpern führt!

Werkstatt

Wer hat die hellste Taschenlampe? – Experimente mit Solarzellen

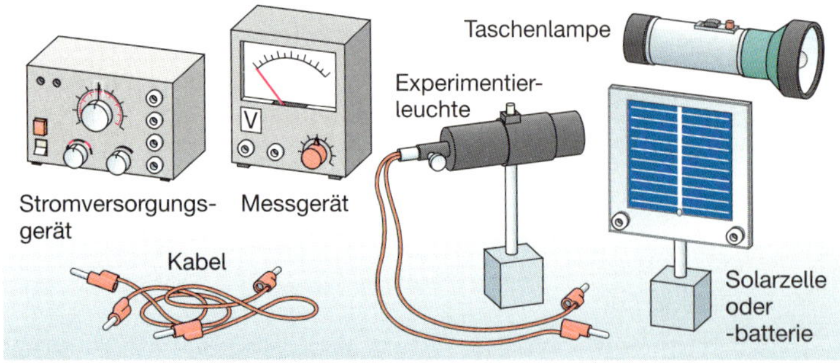

1 Material für die Versuche

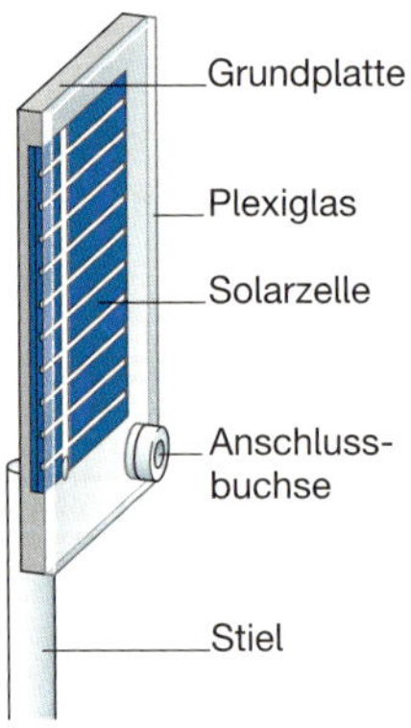

2 Solarzelle mit Gehäuse

Solarzellen und Lichtquellen

Aus den vorhergehenden Abschnitten weißt du, dass jede Solarzelle bei Beleuchtung als elektrische Quelle wirkt. Die mit dem Licht transportierte Energie kann in ihr so umgesetzt werden, dass man mit ihr elektrische Geräte, z. B. ein Messgerät, betreiben kann.

Mit Hilfe einer Solarzelle sollst du einen Versuch planen und durchführen, mit dem sich die Helligkeit von Taschenlampen vergleichen lässt. Damit du dies kannst, sollst du zunächst einige Versuche mit einer Solarzelle oder Solarbatterie (dabei sind mehrere Solarzellen hintereinander geschaltet) ausführen. In Abb. ➤ 1 findest du die notwendigen Materialien.

Solarzellen sind im Allgemeinen sehr dünn. Zur besseren Handhabung sind sie mit einer Kunststoffschicht überzogen und auf eine feste Grundplatte montiert.

Auftrag: Nimm die Solarzelle in die Hand und vergleiche ihren äußeren Aufbau mit den Angaben in der Schemaskizze in Abb. ➤ 2. Beachte, dass unter Umständen eine Solarbatterie vorliegt.

Eine in einiger Entfernung stehende Solarzelle nimmt nur einen Bruchteil der Energie auf, den eine Lichtquelle über das Licht aussendet. Mit den Anordnungen in Abb. ➤ 3a und Abb. ➤ 3b kannst du verschiedene Lichtquellen und verschiedene Abhängigkeiten feststellen:

V1 Untersuche mit der Anordnung in Abb. ➤ 3a an deinem Sitzplatz das Tageslicht und das Licht bei eingeschalteter Beleuchtung. Lies jeweils das Messgerät ab.

V2 Nimm nun die Experimentierlampe bei einem festen Abstand von 10 cm zur Solarzelle (Abb. ➤ 3b). Lies das Messgerät
a) bei unabgedeckter, bei 1/4, 1/2 und 3/4 mit Pappe abgedeckter Solarzelle und
b) bei farbigen Folien vor der Lampe ab.

V3 Untersuche mit dem gleichen Aufbau die Energieabgabe der Experimentierlampe, wenn ihr Abstand 5 cm, 10 cm, 15 cm, 20 cm und 25 cm von der Zelle beträgt.

Fragen

1 Schreibe deine Beobachtungen zu jedem Versuch auf und formuliere das Ergebnis in einem „Je …, desto …“-Satz.

2 Wer hat die hellste Taschenlampe? Gib ein Prüfexperiment zum Helligkeitsvergleich von Taschenlampen an (Aufbau, Durchführung). Welche Bedingungen musst du für einen fairen Vergleich beachten?

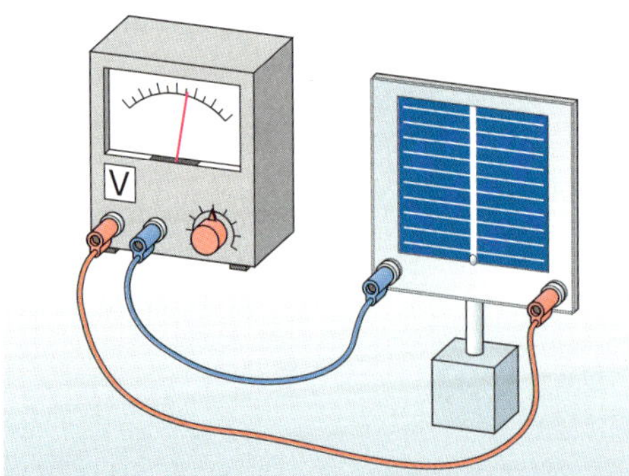

3a Anordnung 1

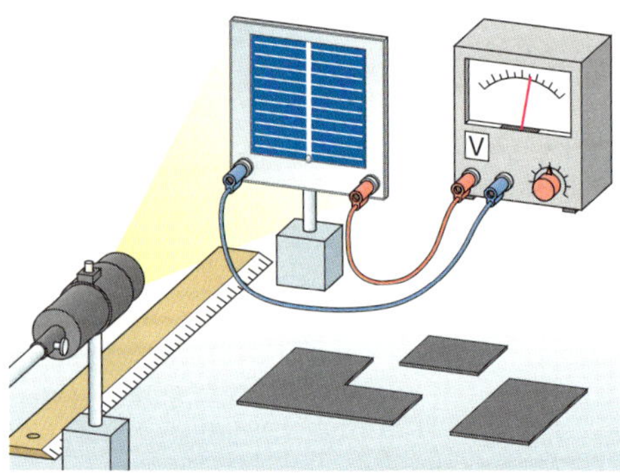

3b Anordnung 2

Licht breitet sich geradlinig aus

Geradlinige Tunnelröhren: Bei U-Bahnen, im Gebirge oder unter Flüssen baut man häufig Tunnel, um eine bessere und schnellere Verkehrsführung zu erreichen. Tunnelbauten sind oft recht kompliziert. So wurden z. B. beim fast 40 km langen Eurotunnel, der England mit Frankreich verbindet, von zwei Seiten aus die Tunnelröhren unter dem Atlantik erstellt. Man traf sich dabei bis auf eine Abweichung von etwa 0,5 m genau unter dem Meer. Um solche Tunnel möglichst gerade oder auf der richtigen Höhe zu bauen, benutzt man Laserlichtquellen. Sie senden ein intensives, schmales Lichtbündel aus.
Erläutere, wie man einen Laser technisch für solche Probleme beim Tunnelbau nutzen kann!

Grundwissen

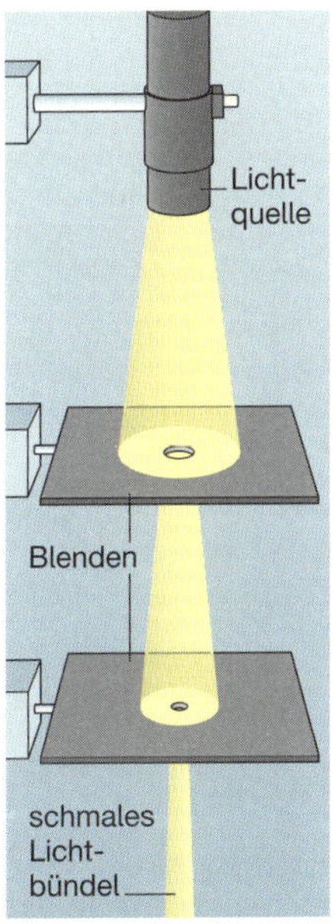

1 Blenden begrenzen Lichtbündel.

Lichtbündel und Lichtstrahlen

Scheinwerfer lassen das Licht der eingebauten Lichtquelle meist nur in bestimmte Richtungen austreten. Sie erzeugen ein ***Lichtbündel***.
Auch das Sonnenlicht, das durch das Fenster ins Zimmer gelangt, oder das Licht eines Leuchtturms bilden ein Lichtbündel. Bringt man Rauch oder fein versprühtes Wasser in den Lichtweg (Abb. ➤2), so erkennt man:

> Lichtbündel sind stets geradlinig begrenzt.

V1 Hält man nach der ersten Blende wie in Abb. ➤1 eine zweite mit kleinerer Öffnung in den Lichtweg, so erhält man ein schmaleres Lichtbündel. In Gedanken kann man durch weitere Blenden, mit jeweils kleinerer Öffnung, immer schmalere Lichtbündel erzeugen. Das schmalste Lichtbündel, das man sich vorstellen kann, nennt man einen ***Lichtstrahl***.

Laserlicht

In Abb. ➤3 stechen zwei Laserlichtbündel in den Nachthimmel hinein. Laser liefern schmale, lichtstarke Lichtbündel, deren Energie auf einen sehr engen Bereich konzentriert ist. Fallen sie ins Auge oder auch auf andere empfindliche Körperteile, können sie erheblichen Schaden verursachen. ***Deshalb darf der direkte Laserstrahl nie ins Auge treffen***.
Laser werden heute z. B. in der Messtechnik, bei Augenoperationen oder bei CD-Spielern eingesetzt.

Fragen

1 Beobachte im Dunkeln den Lichtkegel einer Taschenlampe, wenn die Lichtbündel entlang einer Wand verlaufen. Sind sie geradlinig begrenzt?

2 Warum sieht man in Abb. ➤3 die Laserlichtbündel am Himmel?

2 Leuchttürme weisen den Weg.

3 Nächtliche Lasershow

Licht und Schatten

Dramatische Theateraufführung in der Klasse 6. Ein Drittel des Klassenraums ist durch eine weiße Leinwand abgetrennt. Sie wird von hinten mit einer hellen Lampe beleuchtet. Vor der Leinwand sitzen die Zuschauer und beobachten die Gebärden und Bewegungen von scharfumrissenen Schattenfiguren. Die zugehörigen Darsteller befinden sich zwischen der Lichtquelle und der Leinwand und führen teils lustige, teils recht „dramatische" Handlungen vor.
So nehmen „Ärzte" bei einem „Patienten" nach dem Verschlucken eines Schwertes eine „Notoperation" vor, bei der nicht nur das Schwert, sondern sogar das Herz aus dem Leib operiert wird. Sie halten das Herz hoch und lassen es immer größer werden, bis es die ganze Leinwand bedeckt.

Kannst du erklären, wie diese „Ärzte" das gemacht haben?
Hast du auch eine Idee, wie man die scharf begrenzten Schattenbilder erreicht?

Grundwissen

Schattenraum und Schattenbild

V1 Mit einer Glühlampe, die eine kleine Wendel enthält, wird ein lichtundurchlässiger Körper beleuchtet (Abb. ➤ 1 oben). Man beobachtet, dass der Raum hinter dem Körper dunkel bleibt. Dieser lichtfreie Bereich heißt ***Schattenraum***.

Abb. ➤ 1 unten zeigt seine Entstehung. Auf den Körper trifft ein Lichtbündel. Aufgrund der geradlinigen Ausbreitung kann kein Licht in den Schattenraum fallen. Diejenigen Lichtstrahlen, die gerade noch an dem Körper vorbeigehen, begrenzen den Schattenraum. Sie heißen ***Randstrahlen*** und legen auf der Wand oder auf einem Schirm das ***Schattenbild*** fest.

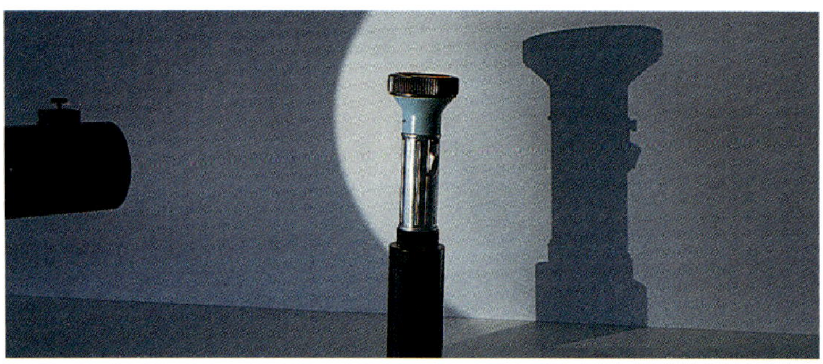

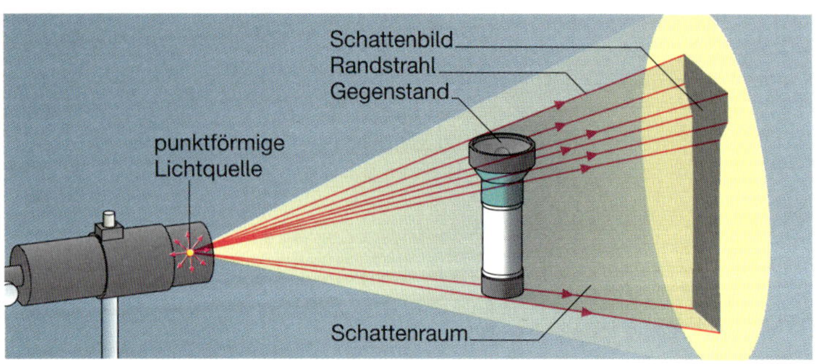

1 Schattenbild eines Körpers und Erklärung mit Hilfe der Randstrahlen

> Beleuchtet man einen undurchsichtigen Körper, so entsteht hinter ihm wegen der geradlinigen Lichtausbreitung ein Bereich ohne Licht, der Schattenraum.

Das Schattenbild hat nur dann einen scharfen Rand, wenn die Lichtquelle sehr klein – nahezu ***punktförmig*** – ist. Die kurze Glühwendel der Glühlampe erfüllt diese Bedingung recht gut. Solche Lichtquellen heißen auch ***Punktlichtquellen***. Ausgedehnte Lichtquellen ergeben verschwommene Schattenränder.

Kernschatten und Halbschatten

V2 Ein Körper wird gleichzeitig mit zwei punktförmigen Lichtquellen beleuchtet. Stehen sie zunächst etwas weiter auseinander, so beobachtet man zwei Schatten auf dem Schirm. Schiebt man die Lichtquellen näher zusammen, dann überdecken sich die Schattenräume teilweise. Der besonders dunkle Bereich in der Mitte ist der ***Kernschattenraum***. Ihm schlie-

Grundwissen

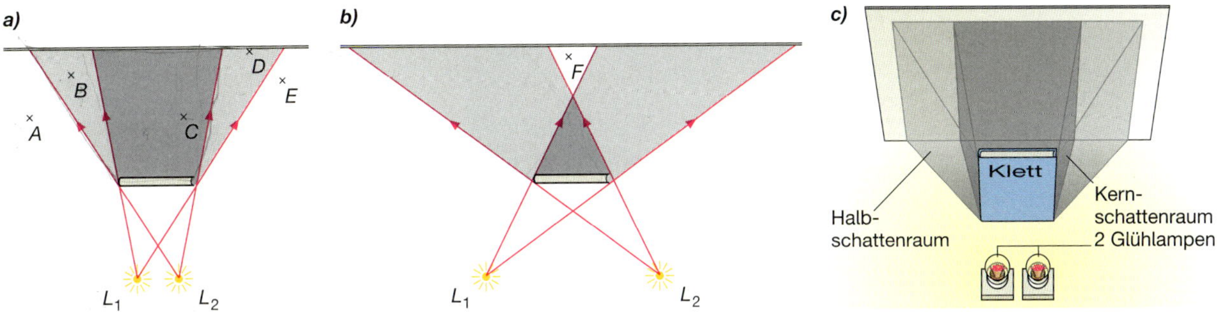

1 Entstehung von Kern- und Halbschattenräumen bei zwei punktförmigen Lichtquellen

3 Bei Nacht auf der Straße

ßen sich zwei schwach beleuchtete Gebiete, die ***Halbschattenräume***, an. Daran grenzen dann die hell beleuchteten Außenbereiche an (Abb. ➤ 1c).

Die geradlinige Ausbreitung des Lichts hilft auch hier bei der Erklärung: Von jeder der beiden Lichtquellen L_1 und L_2 geht ein Lichtbündel aus. Sie erzeugen hinter dem Körper einen Schattenraum.
Ist der Abstand der Lampen größer als die Breite des Körpers (Abb. ➤ 1a), dann ergibt sich hinter dem Körper ein eng begrenzter, unbeleuchteter Kernschattenraum. Da der Schirm weiter von dem Körper entfernt ist, sieht man nur die einzelnen, von L_1 bzw. L_2 herrührenden Schattenbilder und der Punkt *F* in Abb. ➤ 1a erhält Licht von beiden Lichtquellen.
In Abb. ➤ 1b stehen die Lampen eng beieinander. Die Punkte *A* und *E* sind im hellen Gebiet, da sie von beiden Lichtquellen beleuchtet werden. Zu Punkt *B* gelangt nur das Licht von L_1, zu *D* nur das von L_2. Beide gehören zum Halbschattenraum. *C* liegt im Kernschattenraum, da weder von L_1 noch von L_2 Licht zu *C* gelangt,

> Zwei punktförmige Lichtquellen erzeugen hinter einem undurchsichtigen Körper einen Kernschattenraum und Halbschattenräume.

Große und kleine Schatten

Die Größe des Schattenbildes hängt von der Größe des Körpers ab, der den Schatten erzeugt (Abb. ➤ 2a). Aber auch die Abstände Lichtquelle-Körper und Körper-Schirm beeinflussen die Schattengröße! Abb. ➤ 2b zeigt, dass der gleiche Körper einen größeren Schatten erzeugt, wenn sein Abstand zur Lichtquelle kleiner ist.

> Das Schattenbild eines Körpers wird umso größer, je kleiner sein Abstand von der Punktlichtquelle ist. Er ist bei einem größeren Körper größer als bei einem kleineren.

Fragen

1 Welche Eigenschaft des Lichts führt zur Entstehung von Schattenräumen? Wie kann man die Grenzen von Schattenräumen vorhersagen?

2 Welche Dinge sind notwendig, damit ein Schattenbild entsteht? Worauf muss man achten, damit die Ränder möglichst scharf sind?

3 Erläutere, wie es in Abb. ➤ 3 zu den drei Schattenfiguren kommt!

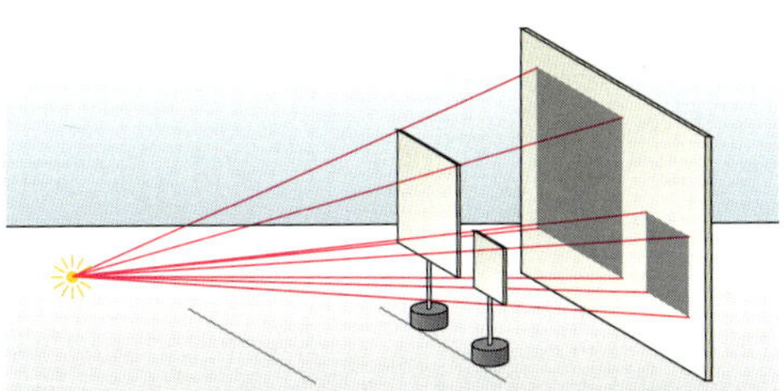

2a Größe von Gegenstand und Schatten

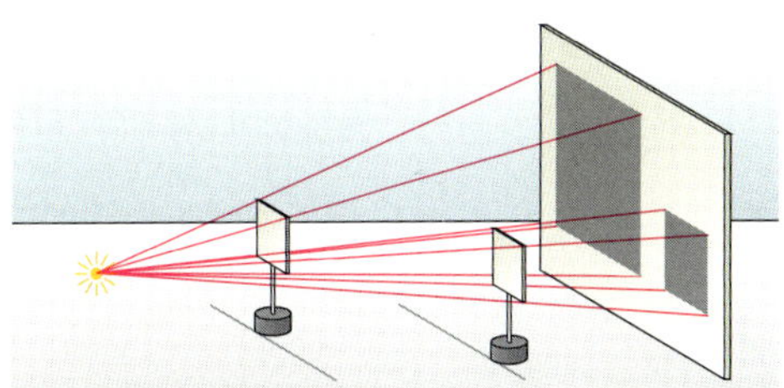

b Schattengröße und Abstände

Finsternisse

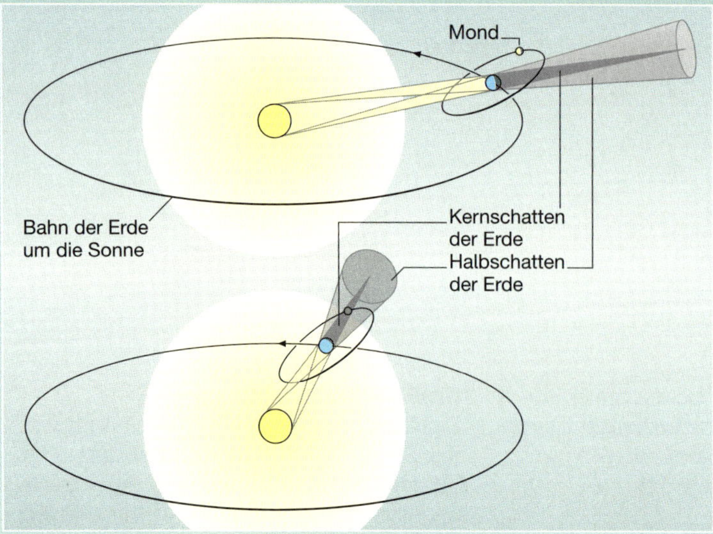

1 Mondfinsternis

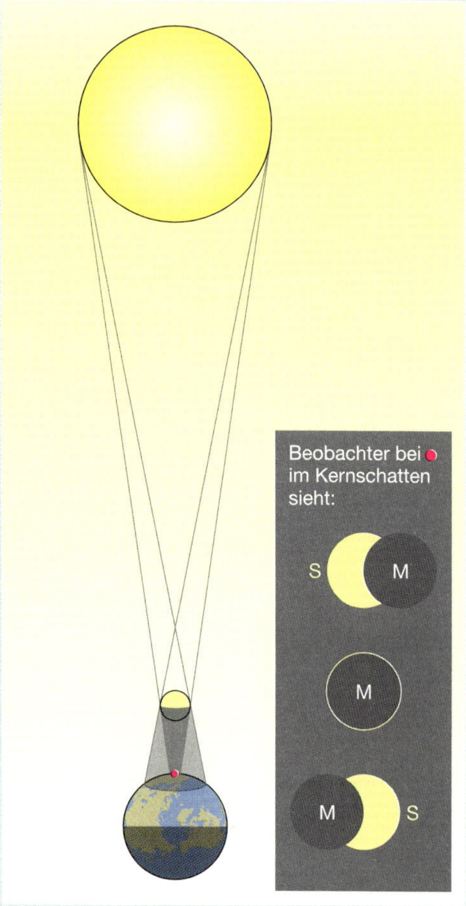

2 Totale Sonnenfinsternis

Mondfinsternisse

Da die Sonne eine riesige Lichtquelle ist, entstehen hinter der Erde Kernschatten und Halbschatten (Abb. ➤ 1). Der Kernschatten der Erde reicht fast 1,5 Millionen km in den Weltraum. Wenn nun der Mond in den Schatten der Erde eintritt, so kommt es zu einer Mondfinsternis.

Abb. ➤ 1 erklärt, warum das nicht jeden Monat geschieht: Die Bahn des Mondes um die Erde ist gegenüber der Bahn der Erde um die Sonne geneigt. Läuft der Mond nur durch den Halbschatten der Erde, wird der Mond nicht ganz dunkel, weil er ja noch von ein wenig Licht getroffen wird. Tritt er in den Kernschatten ein, können wir ihn nicht mehr sehen.

3

Sonnenfinsternisse

Eine Sonnenfinsternis zu sehen ist ein ganz besonderes Erlebnis, das die Menschen schon immer stark beeindruckt hat. Am hellen Tag verfinstert sich die Sonne und nur die leuchtende Korona (Abb. ➤ 3) ist zu sehen. Einige Minuten lang tritt Dämmerung ein.

Zu einer Sonnenfinsternis kann es nur bei Neumond kommen, wenn sich der Mond zwischen Erde und Sonne befindet. Dort, wo der Mondschatten die Erde trifft, entsteht eine Sonnenfinsternis. Wie du in Abb. ➤ 2 siehst, entsteht bei einer Sonnenfinsternis ein Kern- und ein Halbschattenbereich. Wenn du dich im Kernschatten befindest, „siehst" du die Sonne ganz vom Mond verdeckt, eine totale Sonnenfinsternis. Die Menschen, die sich im Halbschattengebiet befinden, sehen die Sonne nur teilweise verdeckt, also eine partielle Sonnenfinsternis.

Häufigkeiten von Finsternissen

Sonnenfinsternisse sind ziemlich häufig. Sie kommen jedes Jahr mindestens zweimal vor. Das Kernschattengebiet hat die Form eines schmalen Streifens von weniger als 300 Kilometer Breite und ein paar tausend Kilometer Länge. Da also das Kernschattengebiet vergleichsweise klein ist, kann man eine totale Sonnenfinsternis jeweils nur auf einem Teil der Tagseite der Erde beobachten.

Seltener als Sonnenfinsternisse finden Mondfinsternisse statt. Aber im Gegensatz zur Sonnenfinsternis können sie dafür von der ganzen Nachtseite der Erde aus beobachtet werden.

Frage

1 Warum kann es bei Vollmond keine Sonnenfinsternis und bei Neumond keine Mondfinsternis geben?

Licht und Schatten im Weltall

1 Beleuchtete Erde im Weltraum

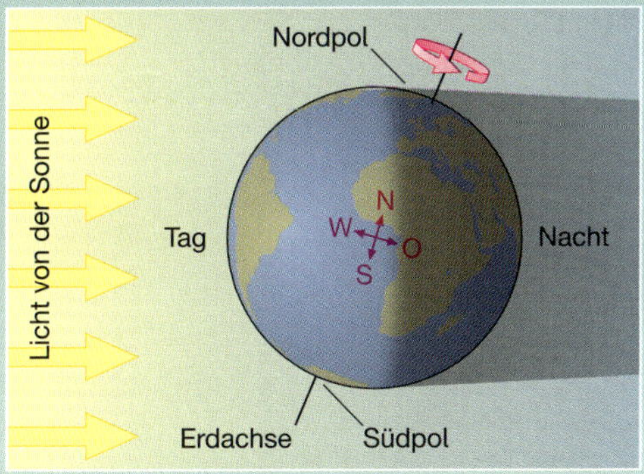

2 So entstehen Tag und Nacht.

Tag und Nacht

Liveübertragungen von Autorennen in Japan sind bei uns in Europa immer nachts zu sehen, obwohl sie dort tagsüber stattfinden. In Japan ist es also Tag und gleichzeitig bei uns Nacht. Dies kannst du dir folgendermaßen erklären: Abb. ➤1 zeigt, wie man die Erde aus einer Raumstation im Weltall sieht: Eine Kugel, die im Raum schwebt und von der Sonne beleuchtet wird. Dabei erreicht das Licht nur eine Seite der Erde – während die andere Seite im Schattenraum liegt. Das bedeutet, dass zum gleichen Zeitpunkt auf einem Teil der Erde Tag und auf dem anderen Teil Nacht ist (Abb. ➤2). Einmal in 24 Stunden dreht sich die Erde um ihre eigene Achse, die durch den Nord- und den Südpol verläuft. Wir drehen uns dabei mit und durchfahren abwechselnd die Tag- und Nachtseite so, dass für uns die Sonne im Westen „untergeht" und im Osten „aufgeht".

3 Nur ein Teil des Balls ist beleuchtet.

Die Mondphasen

Auch der Mond ist eine Kugel im Weltraum, die sich um die Erde dreht. Je nachdem, an welcher Position seiner Bahn er sich befindet, sieht er für uns auf der Erde verschieden aus. Um dies zu verstehen, könnt ihr zu zweit folgendes Experiment durchführen:
Ihr braucht dazu eine sehr helle Lichtquelle (z. B. Diaprojektor) und einen weißen Ball. Während du in einem abgedunkelten Raum auf einem Stuhl sitzt, hält der andere den Ball hoch und geht langsam um dich herum. Beobachte genau, was du von der beleuchteten Seite des Balls sehen kannst (Abb. ➤3) und zeichne dies für vier verschiedene Positionen.
Genau wie der beleuchtete Ball sich um dich gedreht hat, dreht sich der Mond um die Erde. Als Lichtquelle dient nun die Sonne. Wir sehen den Mond in verschiedenen Formen oder „Phasen": Als Sichel, Halbmond oder Vollmond. Jede Phase wiederholt sich nach 29,5 Tagen, also etwa nach einem Monat. Stelle dich in Abb. ➤4 in Gedanken auf den Nordpol und blicke von da aus zum Mond. Du erkennst, dass für den Beobachter auf der Erde z. B. in Stellung 7 die linke Mondhälfte, in Stellung 3 die rechte beleuchtet ist. Bei Neumond sehen wir auf die von der Sonne nicht beleuchtete Mondseite.

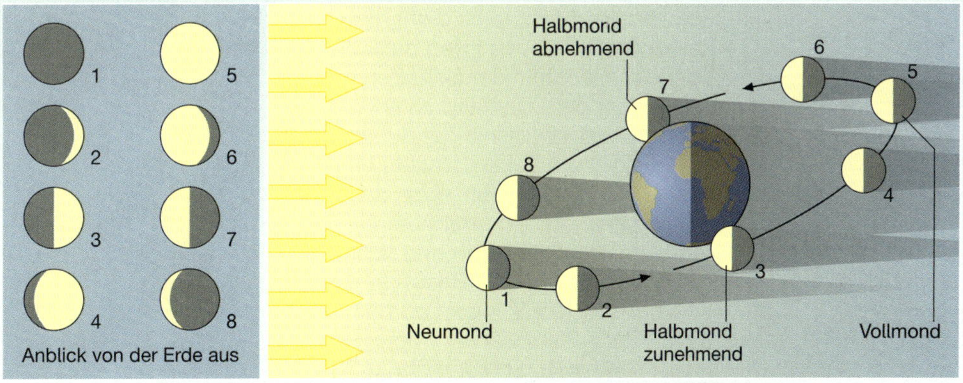

4 Die Mondphasen: Wir sehen nur einen Teil der beleuchteten Mondoberfläche.

1 Schattentheater

Schattenspiele

Wie du schon einige Seiten vorher erfahren hast, kann man Licht und Schatten gezielt einsetzen, um z. B. ein Theaterstück vorzuführen. Dabei hast du Möglichkeiten, dem Zuschauer Dinge vorzugaukeln, die es gar nicht gibt (Abb. ➤ 1).

Um Zuschauer so zu täuschen, brauchst du nur eine helle Lichtquelle (z. B. einen Diaprojektor) und eine weiße Leinwand (z. B. ein Bettlaken). Im einfachsten Fall genügt es, das Bettlaken zwischen zwei Kartenständern möglichst faltenfrei aufzuhängen. Besser ist, wenn ihr das Tuch auf einen großen Holzrahmen spannt. Die Größe des Rahmens richtet sich nach der Art des Schattenspiels. Für Handschattenspiele z. B. reicht ein kleiner Rahmen, etwa 1,5 m breit und 1 m hoch. Das Tuch sollte faltenfrei gespannt sein und wird mit einem Tacker am Rahmen befestigt (Abb. ➤ 2 und 3).

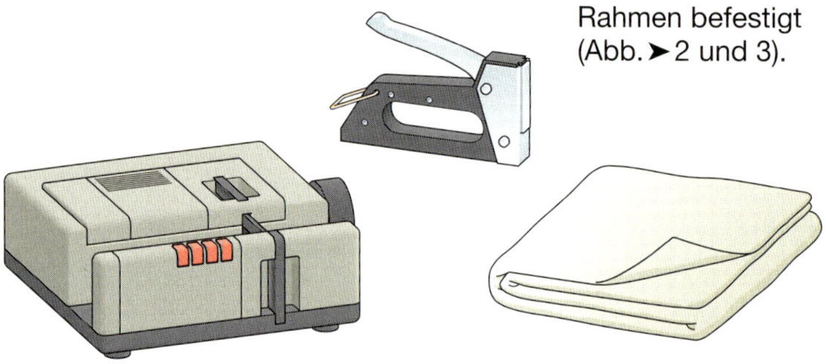

2 Material für das Schattentheater: Diaprojektor, Tacker, Laken

Diese Leinwand kannst du außerdem verwenden, um Scherenschnitte von Personen anzufertigen Abb. ➤ 4.

Scherenschnitte

Jemand setzt sich ganz dicht hinter das Laken und wird von hinten beleuchtet. Von vorne ist dann der Schatten des Kopfes auf der Leinwand zu erkennen. Mit Stecknadeln befestigst du ein weißes Blatt Papier am Laken. Unser „Modell" soll den Kopf so halten, dass das Profil gut zu sehen ist. Du zeichnest die Schattenkante sorgfältig nach und schneidest danach den Kopf aus. Besonders dekorativ ist das Ergebnis, wenn du den Scherenschnitt auf schwarzes Papier überträgst (Abb. ➤ 4). So könnt ihr im Klassenzimmer alle Köpfe verewigen.

4 Scherenschnitt

3 Fertiger Rahmen

Handschattenspiele

Besondere Geschicklichkeit erfordert es, mit den Händen das Schattenbild verschiedener Tiere zu machen.
In Abb. ➤ 5 findest du einige Beispiele – probiere sie nachzumachen. Versuche die Schattenbilder weiterer Tiere – vielleicht auch solcher „Tiere", die es gar nicht wirklich gibt – zu finden.

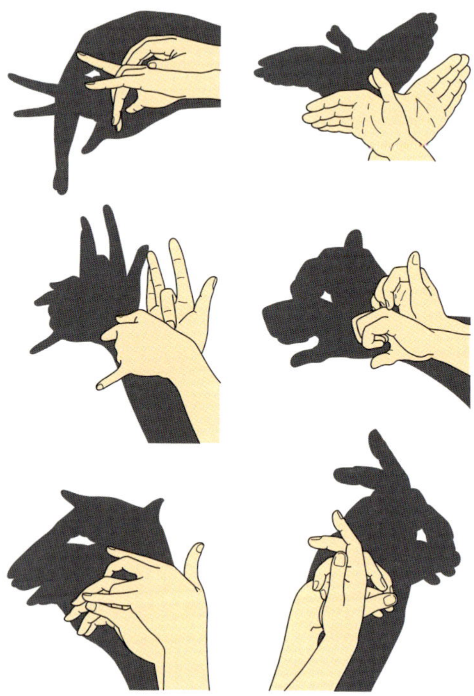

5 Handschattenspiele

Werkstatt

Die Lochkamera

1 Historische Darstellung der Camera obscura

Ein Vorgänger des Fotoapparats ist die Lochkamera. Sie wurde früher von Malern benutzt, um z. B. Landschaften abzumalen (Abb. ➤ 1).
Anders als beim Scherenschnitt, der nur einen Umriss zeigt, ist mit der Lochkamera auch eine detaillierte Darstellung möglich.
Die Lochkamera besteht aus einem lichtundurchlässigen Kasten, bei dem in die vordere Wand ein kleines Loch gebohrt ist. Ersetzt man die Rückwand durch einen durchscheinenden Schirm, so sind auf ihm alle Gegenstände vor der Lochkamera, die Licht aussenden, zu erkennen. Diesen Kasten nennt man auch ***Camera obscura***, was soviel heißt wie dunkler Raum.

Bauanleitung und Erklärung

Mit einem leeren Schuhkarton kannst du dir eine solche Camera obscura leicht nachbauen und herausfinden, wie sie funktioniert (Abb. ➤ 2):

a) In der Mitte der Bodenseite des Schuhkartons bohrst du ein Loch mit ungefähr 1 mm Durchmesser.

b) Im Deckel wird ein Viereck ausgeschnitten und durch Pergamentpapier ersetzt.

c) Bis auf das Pergamentpapier malst du den gesamten Innenraum des Kartons mit schwarzer Farbe aus.

d) Richtest du die Seite mit dem Loch gegen einen Gegenstand, der Lichtstrahlen aussendet, so siehst du auf dem Pergamentpapier ein Abbild davon, bei dem allerdings oben und unten sowie rechts und links vertauscht sind.
Ein kleiner Teil der Lichtstrahlen, die vom Gegenstand ausgehen, trifft das Loch des Schuhkartons und erzeugt ein kleines Bildscheibchen auf dem Pergamentpapier. Alle Bildscheibchen zusammen ergeben das ganze Bild.

Für Landschaftsbilder oder Gegenstände vor dem Fenster ist es günstig, wenn man so, wie es die ersten Fotografen getan haben, über Kopf und Schuhkarton ein schwarzes Tuch stülpt. Genau wie die Maler von damals kannst du dieses Bild mit einem weichen Bleistift nachzeichnen (Aufpassen, dass das Pergamentpapier nicht reißt!). Nun kannst du das Papier austauschen und weiter bearbeiten.

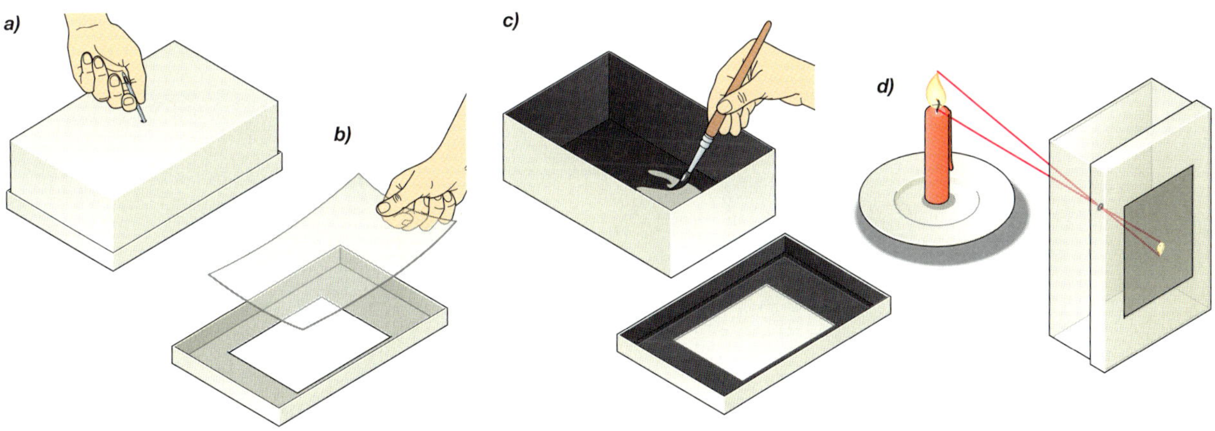

2 Bauanleitung für eine einfache Lochkamera

Rückblick

Auf den vorhergehenden Seiten hast du einige Versuche, neue Begriffe, Beobachtungen und Erklärungen kennen gelernt. Wenn du die folgenden Aufgaben bearbeitest, erstellst du dir selbst eine Zusammenfassung des Kapitels und kannst überprüfen, ob du das Wichtigste verstanden hast. Bist du an einer Stelle unsicher, dann sieh auf der angegebenen Seite noch einmal nach.

Gegenstände und Begriffe

1 Beschreibe den Aufbau

a des Auges anhand seiner wichtigsten Bestandteile. (→ S. 88)

b einer Lochkamera. (→ S. 97)

2 Was versteht man unter

a Lichtbündel und Lichtstrahl? (→ S. 91)

b ungerichteter Reflexion? (→ S. 85)

c Randstrahlen? (→ S. 92)

d der Tag- und Nachtseite der Erde? (→ S. 95)

e Neumond und Vollmond? (→ S. 95)

Beobachtungen

3 ***a*** Was passiert, wenn Licht auf einen Fotofilm fällt? (→ S. 88)

b In welchen Geräten werden Solarzellen eingesetzt? (→ S. 89)

c Welche Schattenbereiche entstehen, wenn ein Gegenstand von zwei Lichtquellen beleuchtet wird? (→ S. 93)

d Wo musst du dich auf der Erde befinden, um eine totale Sonnenfinsternis zu sehen? (→ S. 94)

Erklärungen und Erläuterungen

4 Erkläre bzw. erläutere,

a wann man einen Gegenstand sehen kann. (→ S. 84)

b wie man ein ganz schmales Lichtbündel erhalten kann. (→ S. 91)

c welche besonderen Eigenschaften Laserlicht hat. (→ S. 91)

d wie es bei der Beleuchtung eines Körpers mit zwei Lichtquellen zu Kern- und Halbschattenräumen kommt. (→ S. 93)

Zusammenhänge

5 Formuliere mit eigenen Worten einige Aussagen über

a den Zusammenhang von Licht und Sicherheit im Straßenverkehr. (→ S. 87)

b den Zusammenhang von Energietransport mit Licht und dem Leben auf der Erde. (→ S. 89)

c das Aussehen des Mondes und seine Stellung zur Erde. (→ S. 95)

d die Größe eines Körpers, seinen Abstand von der Lichtquelle und die Größe seines Schattens. (→ S. 93)

Erläutere die in den nebenstehenden Bildern wiedergegebenen Erscheinungen und beantworte die Fragen!

1 Warum kann man die Lichtbündel sehen?

2 Warum hat jeder Spieler mehrere Schatten?

3 Woher kommt die Energie zum Grillen?

4 Warum sieht man den Mond unvollständig?

Beispiel

1 Lichtbündel

Zeichne das Lichtbündel, das aus dem Gehäuse austritt! Welche Punkte liegen im Schattenraum?

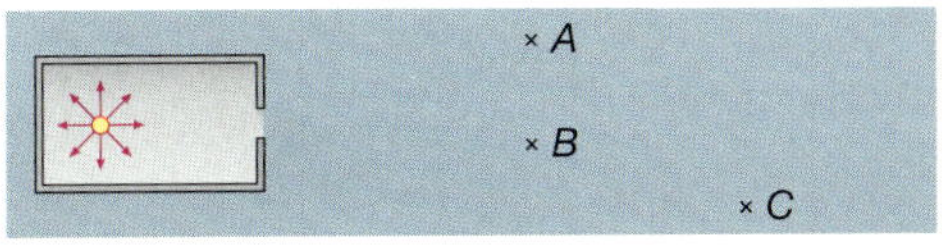

Lösung:

Die Punkte *A* und *C* liegen im Schattenraum. Der Punkt *B* ist beleuchtet.

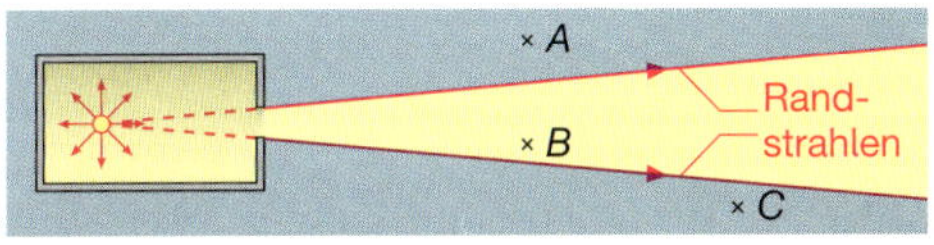

Heimversuche

1 Wir erzeugen ein Spektrum

Suche Glasgegenstände, mit denen man ein Spektrum erzeugen kann, wenn man sie ins Licht der Sonne oder einer Taschenlampe hält. Welche Form haben die Gegenstände?

2 Ein selbst gemachter Regenbogen

Erzeuge mit dem Gartenschlauch einen feinen Sprühnebel. Probiere aus, wo sich dein Auge in Bezug auf Sonne und Sprühnebel befinden muss, damit es einen Regenbogen sieht.

3 Absorbieren von Licht

Beleuchte im abgedunkelten Raum ein Blatt Papier mit der Taschenlampe. Halte dann eine, zwei, viele Klarsichtfolien vor die Lampe. Erkläre die Veränderungen auf dem Blatt Papier.

4 Schattenbilder

Benutze ein rechteckiges Heft als Schattenkörper. Halte es in verschiedene Richtungen zwischen Lichtquelle und Wand.
Welche Schattenformen lassen sich erzeugen? Zeichne sie!
Verwende dann auch andere Gegenstände, wie z. B. eine Getränkedose oder einen Ball!

5 Der Bau eines Tripelspiegels

Du benötigst drei rechteckige, ebene Spiegel und einen festen Pappkarton.
Befestige die drei Spiegel im Inneren des Pappkartons in einer Ecke. Schneide die Teile des Kartons weg, die nicht von den Spiegeln bedeckt werden. Untersuche die Eigenschaften dieser Spiegelkombination mit dem Lichtbündel einer Taschenlampe.

6 Mondfinsternis

Führe mit einem Globus, einer Lampe und einem Ball einen Versuch zur Mondfinsternis durch. Zeige, wie der Mond ganz oder nur zum Teil verfinstert werden kann.

7 Wir bauen eine Sonnenuhr!

Ein in die Erde gesteckter Stab wirft einen Schatten, dessen Richtung von der Stellung der Sonne und damit von der Tageszeit abhängt. Nur wenn man den Stab so aufstellt, dass er parallel zur Erdachse verläuft, zeigt der Schatten im Frühjahr wie im Herbst, im Sommer wie im Winter zur gleichen Tageszeit auch immer in die gleiche Richtung.

Mache dir mit einem Streichholz an einem Globus klar, wie der Stab an verschiedenen Stellen auf der Erde aufgestellt werden muss! Du erhältst die richtige Stellung des Schattenstabes, wenn dieser so aufgestellt wird, wie es Abb. ➤ 1 zeigt:
1. Bestimme mit einem Kompass die Nordrichtung!
2. Der Stab muss mit der Grundebene einen Winkel bilden, der gleich der „geografischen Breite“ deines Heimatortes ist! Diesen Winkel kannst du den Karten in deinem Schulatlas entnehmen (Beispiel: Köln 51°, Münster 52°)!
Benutze als Schattenstab entweder einen Holzstab, den du in die Erde steckst, oder einen dicken Draht auf einer Holzplatte, den du in die angegebene Richtung biegst!

Zeichne an einem sonnigen Tag zu jeder vollen Stunde den Schatten nach und schreibe die Zeit daran – damit ist die Sonnenuhr fertig.

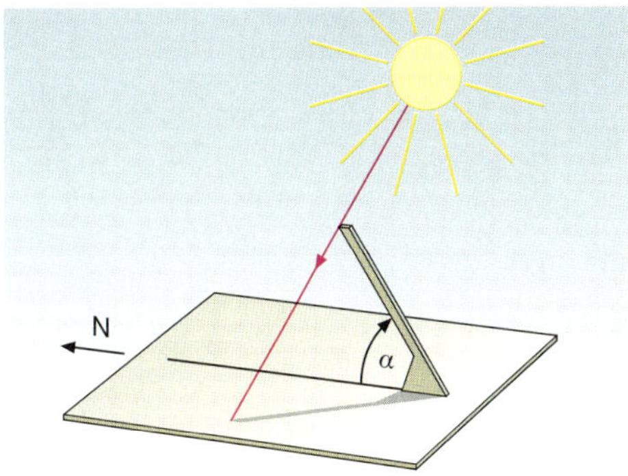

1 Bau einer Sonnenuhr – der Winkel α ist gleich der geografischen Breite.

Fragen

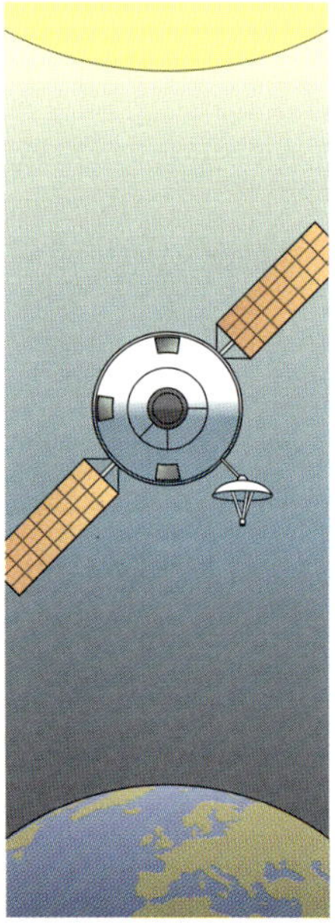

1

Zum Sehen

1 Du bist Astronaut und schaust nacheinander aus den drei Fenstern deiner Weltraumstation (Abb. ➤ 1). Was siehst du? Begründe deine Antwort.

2 Nenne fünf Beispiele für Lichtquellen!

3 Warum haben Krankenwagen hinten Milchglasscheiben?

4 Wie funktioniert eine Sonnenbrille? Welche Eigenschaften müssen die Gläser besitzen, damit man alles in den richtigen Farben sieht?

5 Woher kommt es, dass Wolken weiß, grau oder auch schwarz erscheinen?

6 Wenn du nach Einbruch der Dunkelheit von innen gegen eine Fensterscheibe blickst, siehst du dein Spiegelbild, tagsüber aber kaum. Warum?

7 Schreibe möglichst viele Regenbogenfarben in der richtigen Reihenfolge auf! Welche Farben bilden den Rand des Spektrums?

8 Wieso sieht ein Pullover gelb aus, der andere blau?

9 Sicher hast du schon einmal ein Fensterbild oder eine Laterne aus Transparentpapier gebastelt. Wie entstehen die Farben?

10 Warum ist es für einen Radfahrer oder Fußgänger nachts viel sicherer, wenn er helle Kleidung trägt?

11 Nenne Sicherheitseinrichtungen im Verkehr, die mit Licht zu tun haben. Ordne nach Lichtquellen und nach beleuchteten Körpern.

2 Wichtige Teile am Fahrrad

12 An dem Fahrrad in Abb. ➤ 2 wurden wichtige Teile markiert. Übertrage das folgende Rätsel in dein Heft und ergänze die fehlenden Buchstaben. Das rote Feld enthält einen beachtenswerten Hinweis.

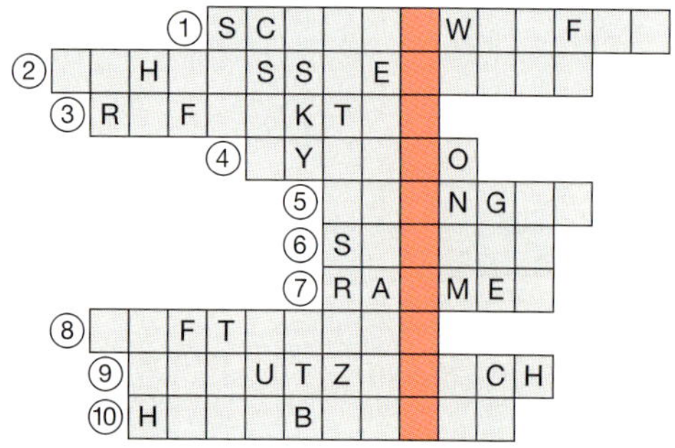

13 Einige Leute behaupten, Katzen und Eulen könnten in völliger Dunkelheit sehen. Was meinst du dazu?

Zu Lichtempfänger

14 Abb. ➤ 3 zeigt eine Katze, wie sie bei Tag (links) und wie sie bei Nacht (rechts) aussieht. Erkläre den Unterschied.

3 Katze bei Tag (links) und bei Nacht (rechts)

15 Anders als beim Menschen befinden sich die Augen vieler Vögel seitlich am Kopf. Was ändert das beim Sehen (Abb. ➤ 4)?

16 Skifahrern wird dringend geraten eine Ski- oder Sonnenbrille zu tragen, wenn die Sonne scheint. Welchen Sinn hat das?

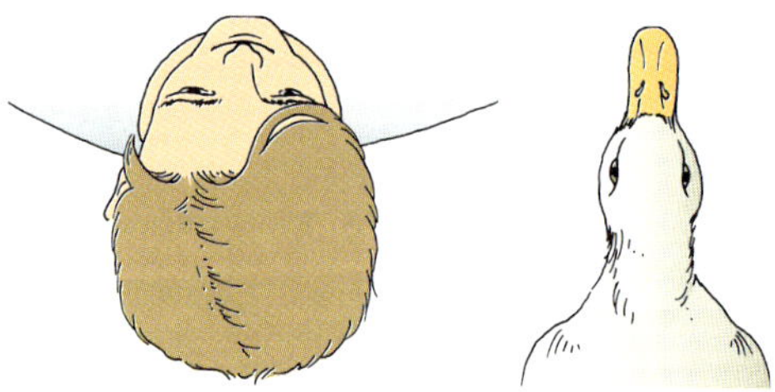

4 Augen bei Mensch und Ente

Fragen

1

Zu Energie unterwegs mit Licht

17 In welchen Ländern könnte man mit Solarzellen besonders viel elektrische Energie gewinnen?

18 In welcher Richtung sollte ein Sonnenkollektor aufgestellt werden?

19 Die von Licht oder Wärmestrahlung transportierte Energie kann die Temperatur von Körpern erhöhen. Nenne dafür Beispiele aus Natur und Technik.

20 Im Winter werden Pflanzen in Gewächshäusern mit Lampen beleuchtet. Erkläre warum!

21 Nenne Anlagen und Geräte aus dem Alltag, die mit Energie aus Solarzellen betrieben werden!

Zu Licht breitet sich geradlinig aus

22 Um gerade Linien im Gelände festzulegen, brauchen Landvermesser ein kleines Fernrohr auf einem Gestell (einen „Theodolit") und einen Helfer mit einer rot-weiß gestrichenen Stange. Über ein Kreuz im Fernrohr sieht man in eine genau eingestellte Richtung. Was müssen der Landvermesser und sein Gehilfe nun tun, um Punkte auf der geraden Linie zu kennzeichnen (Abb. ➤ 1)?

23 Welche Punkte in Abb. ➤ 2 erreicht das Licht von der Lichtquelle? Welche befinden sich im Schatten? Von welchen Punkten aus kann man die Lichtquelle sehen?

Zu Licht und Schatten

24 Zu verschiedenen Tageszeiten ist dein Schatten im Sonnenlicht verschieden lang. Wann ist er besonders lang? Wann ist er besonders kurz? Zeichne!

25 Übertrage Abb. ➤ 3 in dein Heft! Konstruiere dann die Schattenräume! Welche der Punkte *A* bis *G* liegen im Kernschatten, im Halbschatten? Zu welchen Punkten gelangt das Licht ***a)*** nur von Lichtquelle 1, ***b)*** nur von Lichtquelle 2, ***c)*** von beiden Lichtquellen, ***d)*** von keiner Lichtquelle?

26 Nimm an, bei uns sei es gerade 12 Uhr mittags. Benutze einen Globus oder eine Weltkarte, um Orte zu suchen, bei denen es ***a)*** ebenfalls 12 Uhr mittags, ***b)*** Mitternacht, ***c)*** Sonnenaufgang, ***d)*** Sonnenuntergang ist!

27 Den Mond kann man nicht nur nachts, sondern manchmal auch tagsüber sehen.

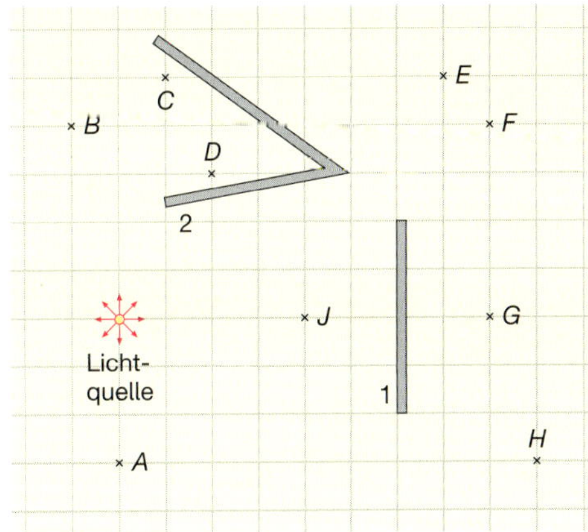

2 Die undurchsichtigen Körper 1 und 2 behindern die Lichtausbreitung.

Zeichne für einen solchen Fall Sonne, Mond und Erde.
Zeichne daneben den Mond so, wie wir ihn dann von der Erde aus sehen!

28 Bei welcher Mondphase kann eine Sonnenfinsternis und bei welcher kann eine Mondfinsternis eintreten?

29 Warum gibt es nicht bei jedem Mondumlauf um die Erde eine Sonnen- und eine Mondfinsternis?

30 Zeichne eine Lochkamera, Länge 4 cm, und einen 2 cm hohen Gegenstand 3 cm vor der Kamera. Zeichne das Bild!
Wiederhole dies, wenn ***a)*** der Gegenstand 4 cm entfernt ist, ***b)*** der Gegenstand 1 cm groß und 3 cm entfernt ist, ***c)*** der Gegenstand 3 cm entfernt und 2 cm groß ist und die Kamera die Länge 2 cm hat.

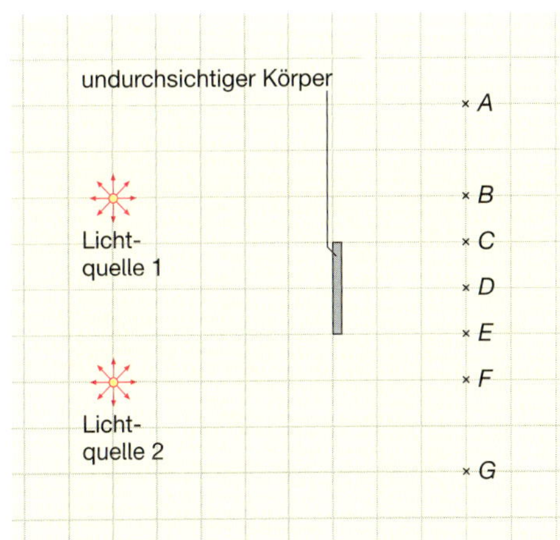

3 Wo entstehen hier Schattenräume?

Der Energiehunger der Menschheit ist groß. Ganze Landstriche fallen ihm zum Opfer. Auch wenn der Energiebedarf nicht weiter steigen sollte, werden die Vorräte an Kohle, Erdöl und Erdgas nur noch für einige Generationen reichen. Werden dann die Lichter ausgehen und keine Autos mehr fahren?

Wir werden lernen müssen, Energie auf andere Weise zu beziehen, vor allem aber sparsam mit ihr umzugehen.

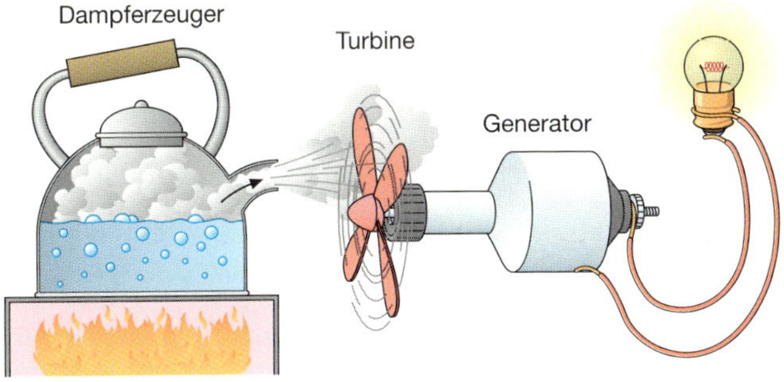

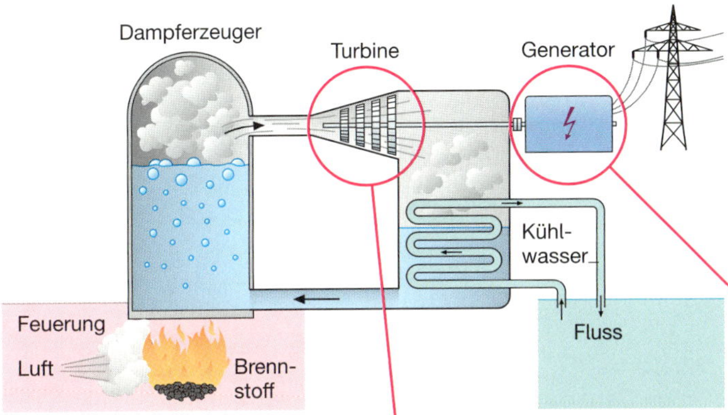

Beschreibe das Prinzip der Stromerzeugung mit Wasserdampf (s. Abb. links). Ein Dampfkraftwerk funktioniert nach diesem Prinzip (s. Abb. darunter). Welche Gemeinsamkeiten und Unterschiede gibt es?

In dem Foto unten sieht man eine geöffnete Dampfturbine. Man erkennt deutlich die Schaufelräder, gegen die der sehr heiße, unter hohem Druck stehende Dampf im Betrieb von links nach rechts strömt. Dadurch werden die Schaufelräder in Drehbewegung versetzt.
Die andere Abbildung zeigt einen Turbinensatz (Hintergrund) mit dem davor liegenden Generator.

Allen Kraftwerken, die elektrische Energie bereitstellen, ist das letzte Glied in der Kette gemeinsam: der Generator.

Lediglich in der Art und Weise, wie der Generator angetrieben wird, unterscheiden sie sich.
Dampfturbinen, Wasserturbinen oder Windräder werden zum Antrieb von Generatoren benutzt.
Während der Dampf erst erzeugt werden muss, stehen Wasser und Wind an geeigneter Stelle unmittelbar zur Verfügung.
In kleineren Anlagen, z. B. Notstromaggregaten für Krankenhäuser, werden zum Antrieb eines Generators auch Dieselmotoren verwendet.

Transport und Speicherung von Energie

Gerade hat Tina die abgesprungene Kette wieder aufgezogen. Nun kurbelt sie die Pedale. Läuft die Kette auch richtig? Ja! Jetzt greift sie mit der Hand an den Reifen, um das Rad wieder abzubremsen. „Vorsicht!“ ruft Peter noch, aber es ist zu spät. Tina hält sich die Hand und schimpft über ihre eigene Dummheit: „Das hätte ich mir doch denken können, dass das heiß werden kann.“

Offensichtlich hat der Reifen hier Energie an Tinas Hand abgegeben. Woher stammt diese Energie?

Grundwissen

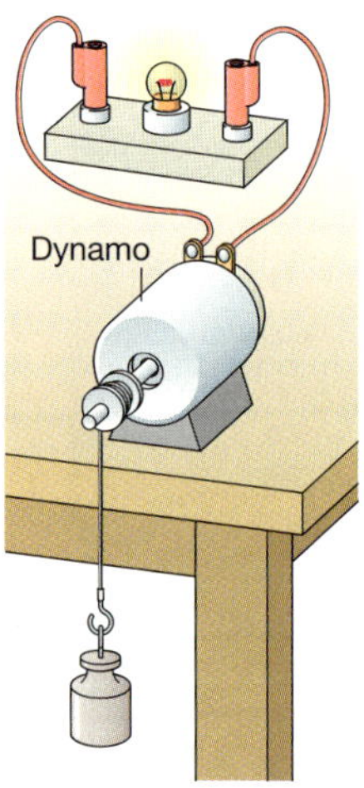

1

Speicher und Umsetzer

Wenn man ein Rad mit der Felgenbremse abbremst, werden die Bremsbacken warm. Die Energie stammt von dem sich drehenden Rad. Auf ähnliche Weise kann man nachweisen, dass jeder bewegte Körper Energie besitzt. Je schneller er ist, desto größer ist seine Energie.
Auch hoch gelegene Körper besitzen Energie. Diese Energie können sie wie in Abb. ➤ 1 zum Beispiel über einen Dynamo an eine Glühlampe abgeben. Umgekehrt kann man die Energie des Körpers auch vergrößern, indem man ihn höher hebt.

Ein hochgehobener Körper kann die Energie halten und bei Bedarf abgeben. Man sagt: Er ist ein ***Energiespeicher***. Weitere Energiespeicher sind: ein aufgeladener Akku, ein sich drehendes Schwungrad, eine gespannte Stahlfeder bei einem Spielzeugauto und erhitztes Wasser in einer Thermoskanne.

2 Pumpspeicherkraftwerk

Dagegen geben Dynamos und Elektromotoren die zugeführte Energie sofort in anderer Form weiter. Sie werden als ***Energieumsetzer*** bezeichnet. Weitere Energieumsetzer sind die Glühlampe und die Solarzelle.

> Energiespeicher können Energie für längere Zeit festhalten; Energieumsetzer geben die zugeführte Energie sofort in anderer Form weiter.

Zwischen den Speichern und Umsetzern kann die Energie auf verschiedene Weise transportiert werden, z. B. durch elektrischen Strom in Kabeln, sich drehende Achsen, Licht, Wärmestrahlung oder Wärmeleitung. Das Pumpspeicherkraftwerk in Abb. ➤ 2 ist hierfür ein Beispiel: Der höher gelegene See dient als Energiespeicher. Tagsüber lässt man das Wasser dieses Sees durch Turbinen laufen, welche über sich drehende Achsen Generatoren (große Dynamos) antreiben. Diese geben die Energie nun über elektrischen Strom an die Haushalte weiter. Nachts pumpt man das Wasser mithilfe von Motoren wieder in den See hoch. Hierzu benutzt man Energie aus anderen Kraftwerken.

Frage

1 Gerda sagt: „Das Pumpspeicherkraftwerk ist überflüssig; es holt sich die Energie letztlich von anderen Kraftwerken. Da kann man doch gleich die Energie von diesen Kraftwerken an die Haushalte verteilen.“ Was meinst du?

Wasserkraftwerke

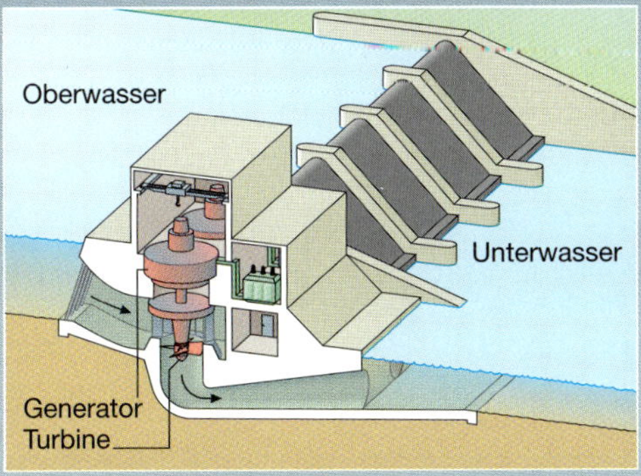

1 Blick ins Innere eines Wasserkraftwerkes

Einen großen Teil der Energie bekommen wir mit dem elektrischen Strom aus den Steckdosen. Diese sind über lange Leitungen mit Kraftwerken verbunden.

In Abb. ➤1 siehst du ein Wasserkraftwerk. In seinem Inneren werden Turbinen von dem strömenden Wasser angetrieben. Die damit verbundenen Generatoren erzeugen den elektrischen Strom. Wie dabei die Energie von dem strömenden Wasser zu den Haushalten gelangt, zeigt die Energietransportkette in Abb. ➤3. Dabei wird deutlich, dass ein Teil der vom Wasser stammenden Energie nicht bis zu den Haushalten gelangt: So erwärmen z. B. die Turbinen wegen der Reibung die Achslager; somit geben sie einen Teil der Energie an die Umgebung ab.

Abb. ➤2 zeigt ein Modell für ein Wasserkraftwerk, das du in vereinfachter Form auch selbst bauen kannst. Als Turbine dient ein großes Zahnrad, auf dem strahlenförmig Schaufeln geklebt sind. Das Zahnrad treibt nun über eine Kette einen Dynamo an.
Je höher nun der Wasserbehälter (Stausee) steht, desto heller leuchtet das Lämpchen. Wenn der Wasserbehälter höher steht, hat jeder Liter Wasser nämlich mehr Energie gespeichert und kann über die Turbine und den Generator auch mehr Energie an das Lämpchen abgeben. Deswegen errichtet man für die Wasserkraftwerke oft hohe Staudämme.

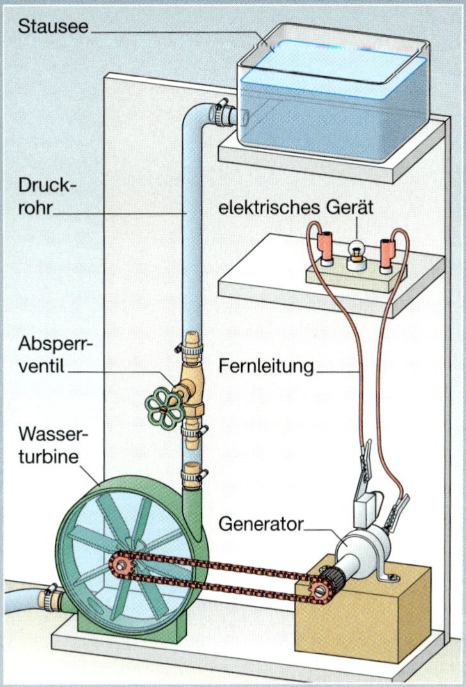

2 Modell eines Wasserkraftwerkes

Das größte Staudammprojekt wird zurzeit in China verwirklicht. Das Wasserkraftwerk am Yangze soll allein fast ein Zehntel der von ganz China benötigten Energie liefern. Der Staudamm wird ungefähr 200 m hoch und über 2 km breit, der Stausee 600 km lang.

Fragen

1 Warum gibt es gerade in den Alpen so viele Wasserkraftwerke?

2 Welche Vor- und Nachteile sind mit dem Bau eines Staudamms verbunden?

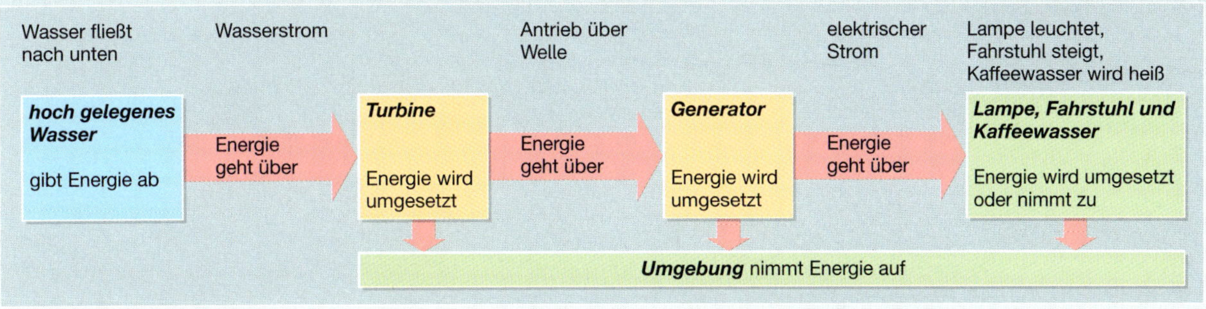

3 Energietransportkette

Zurück zur Sonne

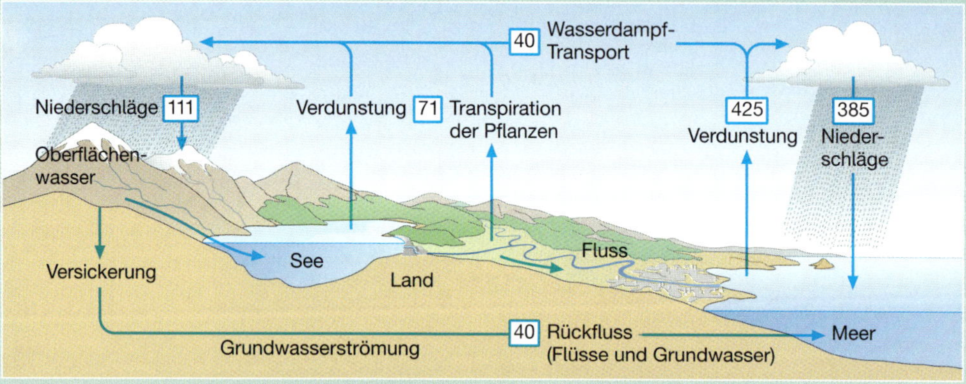

1 Schema des Wasserkreislaufs der Erde (Angaben in 1000 Milliarden Tonnen pro Jahr)

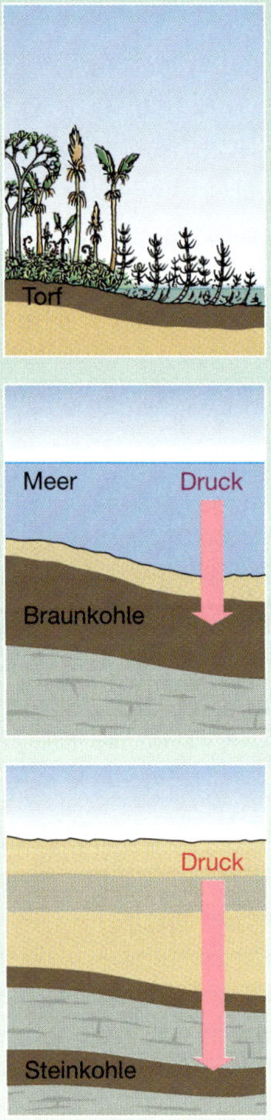

2 Entstehung der Kohle

Wir beziehen unsere Energie größtenteils von Kraftwerken. Doch woher erhalten diese ihre Energie?

Bei den Aufwindkraftwerken (Abb. ➤3) ist dies noch leicht zu sehen. Es ist die Sonne, die für den Aufwind sorgt und damit den Generator antreibt. Gleiches gilt für die Windkraftanlagen; denn auch hier ist es die Sonne, die erst den Wind verursacht.

Bei einem Wasserkraftwerk treibt strömendes Wasser über eine Turbine den Generator an. Abb. ➤1 macht deutlich, woher das Wasser hier seinerseits die Energie bezieht: Die Sonne lässt Wasser verdunsten und aufsteigen; es bilden sich Wolken. Die Wolken werden vom Wind bis zu den Bergen transportiert; dort regnen sie sich aus. Am Ende dieses Vorgangs ist das Wasser hochgehoben worden; die dabei erhaltene Energie gibt es wieder ab, wenn es abwärts strömt. Letztlich ist es also auch hier die Sonne, die uns die Energie liefert.

Viele Kraftwerke werden mit Kohle, Erdöl oder Erdgas betrieben. Die darin enthaltene Energie wird verwendet, um Dampf zu erzeugen und mit ihm Turbinenrad und Generator anzutreiben.
Woher hat nun z. B. die Kohle ihre Energie? Dieser Brennstoff ist aus Wäldern entstanden, die vor vielen Millionen Jahren von Erdmassen überdeckt worden sind (Abb. ➤2). Zum Leben benötigen Pflanzen Zucker – genauso wie Tiere. Diesen Zucker finden sie nicht unter den Nährstoffen des Bodens; sie stellen ihn selbst aus Wasser und dem Kohlenstoffdioxid der Luft her. Dazu benötigen sie allerdings Energie aus dem Licht der Sonne. Letztlich bekommen Kraftwerke, die solche Brennstoffe benutzen, ihre Energie also auch von der Sonne.

Die meisten Kraftwerke beziehen ihre Energie letztlich von der Sonne. Bei den Windkraftwerken können wir immer nur so viel Energie erhalten, wie sie die Sonne gerade liefert. Dagegen entnehmen wir den Brennstoffen die Energie bedeutend schneller, als sie von der Sonne geliefert wurde: In den letzten hundert Jahren haben wir einen großen Teil unserer Kohlelager ausgebeutet. Für diese Lager hatte die Sonne aber viele Millionen Jahre Energie spenden müssen. Man vermutet, dass unsere Brennstoffvorräte in einigen Generationen aufgebraucht sind, wenn wir sie weiterhin in demselben Ausmaße nutzen wie bisher.

Frage

1 Erstelle eine Energietransportkette für ein Kohlekraftwerk! Beginne bei der Sonne!

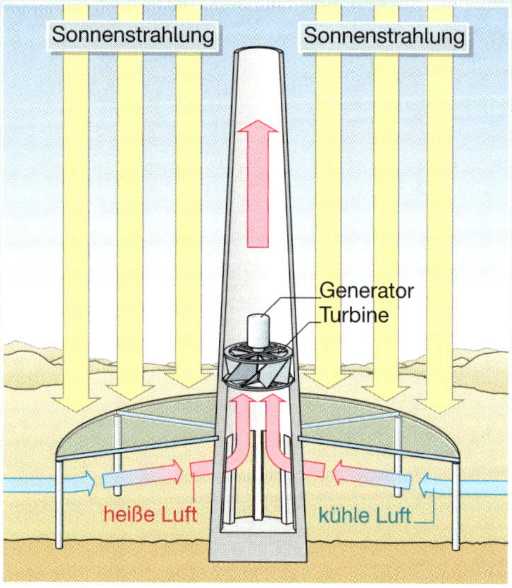

3 Aufwindkraftwerk

Entwertung von Energie

Rudi hat wieder eine neue Idee: „Wenn ich diese Vorrichtung einmal in Schwung setze, läuft sie selbstständig immer weiter und liefert obendrein Energie für die Glühlampe."

Er wirft die Maschine an. Enttäuscht muss er aber feststellen, dass die Maschine bald wieder stehen bleibt.

Was hat sich Rudi bei seiner Maschine überhaupt gedacht? Und warum funktioniert sie nicht?

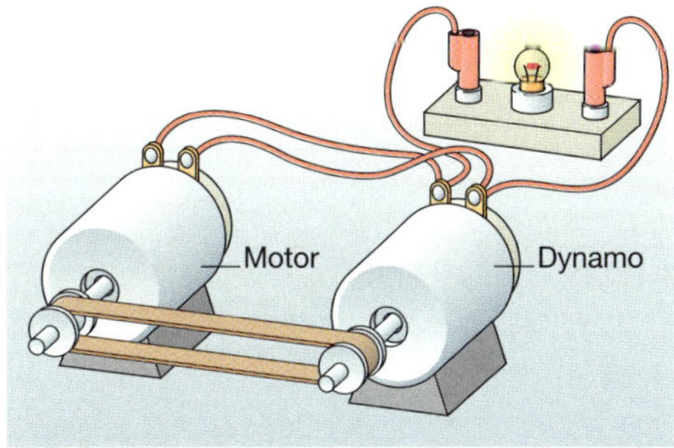

Grundwissen

Vorgänge mit Reibung

Der Fahrradfahrer in Abb. ➤ 1 erreicht ohne weiteren Antrieb nicht mehr die ursprüngliche Höhe. Wie in diesem Fall scheint die Energie bei vielen Vorgängen abzunehmen.
Tatsächlich geschieht Folgendes: Der Fahrradfahrer in Abb. ➤ 1 erhöht die Temperatur seiner Umgebung geringfügig. Dies geschieht durch die Luftreibung, die Reibung in den Lagern und an den Reifen sowie durch die Reibung an den Bremsen. Die dabei an die gesamte Umgebung (Luft, Erde ...) abgegebene Energie fehlt ihm später, er erreicht nicht mehr seine alte Höhe.
Ebenso ergeht es einem springenden Ball. Auch er erreicht nach dem Aufprall nicht mehr seine ursprüngliche Höhe (Abb. ➤ 2). Bei allen Vorgängen mit Reibung wird Energie abgezweigt, die die Temperatur der Umgebung erhöht.

2

Diese Art der Energieumsetzung kann nicht rückgängig gemacht werden: Es gibt zum Beispiel keine rückwärts ablaufende Bremse, die ein Fahrrad beschleunigt und dabei kälter wird; es gibt auch keinen Ball, der von sich aus immer höher springt und dabei abkühlt.

Mit der Energie der erwärmten Umgebung kann man auch auf andere Weise nichts antreiben oder hochheben. Sie ist zwar noch vorhanden, aber nicht mehr nutzbar. Man sagt: Sie ist ***entwertet***.

Energietransportketten enden also immer dort, wo die Umgebung erwärmt wird. Die Erwärmung der Umwelt stellt gleichzeitig eine Einbahnstraße und eine Sackgasse dar; hier kommt die Energie nicht mehr heraus (Abb. ➤ 3).

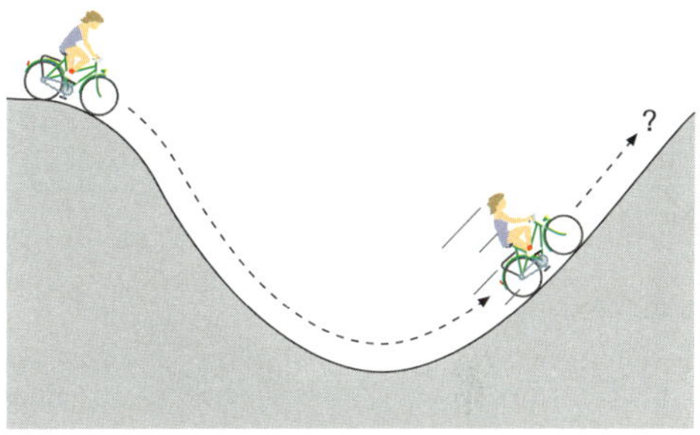

1 Wie hoch kommt der Radfahrer?

3 Hier gibt es kein Zurück.

> Bei Vorgängen mit Reibung verschwindet die Energie nicht. Ein Teil der Energie geht jedoch in die Umgebung und erhöht deren Temperatur; sie wird dabei entwertet.

Immer wieder haben Forscher versucht, wie Rudi die einmal in eine Vorrichtung gesteckte Energie (Anschub des Motors) nicht nur zu erhalten (Motor und Dynamo laufen immer weiter), sondern noch zu vermehren (Energieabgabe an das Lämpchen und an die Umgebung). Es ist ihnen nie gelungen. Sie schlossen:

> Bei keinem Vorgang nimmt die Energie insgesamt zu.

Frage

1 Zeichne eine Energietransportkette für Rudis Maschine. Erkläre damit, warum die Maschine nicht funktionieren kann.

Energie sparen

Wir müssen sparsam mit unserer Energie umgehen. Diese oder ähnliche Aufforderungen hast du sicherlich schon häufiger gehört. Wertvolle Energie in Form von Brennstoffen steht uns nur in begrenztem Maße zur Verfügung. Deshalb müssen wir mit diesen Energievorräten sparsam umgehen.

Durch die Nutzung dieser Brennstoffe wird außerdem die Umwelt belastet: Beim Abbau von Braunkohle z. B. sinkt der Grundwasserspiegel und umliegende Feuchtgebiete trocknen aus. Die Abgase und die Abwärme von Kraftwerken und Autos vergiften unsere Luft und verändern das Klima.
Darüber hinaus ist der Transport von Öl und Gas mit Gefahren verbunden. Immer wieder kommt es zu Unfällen, bei denen weite Küstenlandschaften durch Öl verpestet werden. Solar- und Windkraftwerke sowie Wasserkraftwerke gelten als umweltfreundlichere Energieversorger. Sie können zurzeit jedoch nur einen geringen Teil unseres Energiebedarfs decken.

1 Glühlampe

2 Energiesparlampe

Um wertvolle Energie zu sparen, unternehmen Forschung, Industrie und Handwerk viele Anstrengungen. So können z. B. alte, weniger wirkungsvolle Anlagen durch neue Energie sparende Anlagen ersetzt werden. Neue Autos, die weniger Treibstoff benötigen, werden gebaut. Neue Baumaterialien und bessere Bauweise sorgen dafür, dass für Häuser und Bürogebäude weniger Energie zum Heizen und zur Beleuchtung benötigt wird. Herstellungsweisen für Güter werden geändert, um Energie bei der Produktion einzusparen. Verpackungen und Abfallprodukte werden weiterverwendet, denn auch ihre Herstellung erfordert Energie.

Viele kleine eingesparte Energiebeträge können zusammen viel ausmachen. So können z. B. viele Glühlampen (Abb. ➤ 1) durch Energiesparlampen (Abb. ➤ 2) ersetzt werden. Energiesparlampen sind zwar in der Anschaffung teurer, sparen aber ein Vielfaches dieses Mehrbetrages im Laufe der Zeit wieder ein (Abb. ➤ 3). Energiesparlampen sollten überall da verwendet werden, wo Lampen über lange Zeit eingeschaltet bleiben sollen.

Produkt	**Energiesparlampe**	**Glühlampe gleicher Helligkeit**
Lebensdauer in Stunden	10 000	1 000
Lampenkosten in €	12,50 (1 Stück)*	5,– (10 Stück)*
Stromkosten in €	16,50	90,–
Gesamt in €	29,–	95,–

3 Vergleich der Kosten beim Gebrauch verschiedener Lampen
* Preise in € gerundet.

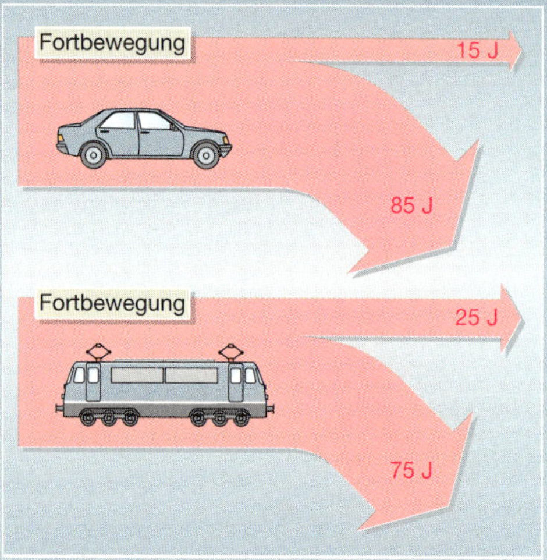

4 Von 100 J dienen beim Auto nur 15 J der Fortbewegung, bei der Elektrolokomotive (Kraftwerk eingeschlossen) immerhin 25 J.

Jeder Einzelne – auch du – kann aber auch durch anderes Verhalten einen Beitrag zum Energiesparen leisten.
Im Haushalt kannst du Energie einsparen, wenn du Elektrogeräte nicht unnötig betreibst: Schalte das Licht, das Radio oder den Fernseher aus, wenn sich keiner im Zimmer befindet. Reicht statt des Bades nicht auch eine kurze Dusche?
Beim Heizen kann gespart werden, wenn man Thermostatventile richtig einstellt und richtig lüftet (kurz, aber kräftig!). Ein Viertel der Energie lässt sich bereits einsparen, wenn die Raumtemperatur nur 20 °C statt 24 °C beträgt.
Bei Fahrten und Reisen sparst du wertvolle Energie, wenn du öffentliche Verkehrsmittel benutzt. Dabei ist eine elektrische Lokomotive (Kraftwerk eingeschlossen) günstiger als ein Straßenfahrzeug mit Verbrennungsmotor (Abb. ➤ 4). Es kommt allerdings auch noch darauf an, wie die Verkehrsmittel besetzt sind. Ein vollbesetztes Auto kann günstiger sein als ein schwach besetzter Zug, wenn man den Energieaufwand pro Person für die Beförderung betrachtet. Auf kürzeren Strecken allerdings ist das Fahrrad immer noch unschlagbar gegenüber allen anderen Verkehrsmitteln.

Werkstatt

Energie-Detektive unterwegs

Energiekosten und Wasserkosten einer größeren Schule können im Jahr leicht 50 000 € betragen. Energie sparen in der Schule kann sich lohnen. Viele Städte und Gemeinden sind dazu übergegangen, den Schulen den ersparten Betrag ganz oder teilweise zur Verfügung zu stellen, so dass die Schulen dafür andere Sachen anschaffen können.

Wenn ihr in eurer Schule auch Energie sparen wollt, müsst ihr zunächst feststellen, wo und wie das möglich ist. Dazu gibt es z. B. folgende Möglichkeiten:

- Befragung der Mitschülerinnen und Mitschüler
- Besichtigung von Räumen und Anlagen
- Messungen (z. B. Temperaturmessungen)
- Befragung von Experten (Physiklehrer, Hausmeister, Energieberater)

Zur Befragung der Mitschülerinnen und Mitschüler könnt ihr einen Fragebogen entwerfen. Dabei könnt ihr Zustände in den Klassenräumen abfragen, z. B.:

- gibt es Thermostatventile an den Heizkörpern?
- ist es oft zu warm im Klassenraum?
- steht die Türe häufig auf?
- zieht es im Klassenraum?
- sind die Fenster dicht?
- wie wird gelüftet?
- stehen Oberlichter lange Zeit offen?
- gibt es ein Thermometer im Klassenraum?
- ist die Beleuchtung oft unnötig eingeschaltet?
- gibt es moderne Leuchtstoffröhren oder Energiesparlampen?
- wird das Licht ausgeschaltet und der Klassenraum in den großen Pausen und nach dem Unterricht abgeschlossen?

Ihr könnt aber auch nach dem Verhalten eurer Mitschülerinnen und Mitschüler fragen oder nach ihrer Einstellung zum Energiesparen.

Die Besichtigung von Räumen könnt ihr mit Temperaturmessungen verbinden. Gibt es in der Schule Räume, die zu stark geheizt werden? Dazu kann euch folgende Tabelle als Anhaltspunkt dienen:

Flure und Treppenhäuser	15 °C
Turnhalle	17 °C
Verwaltung, Unterrichts- und Büroräume	20 °C
Werkräume	18 °C
Umkleide- und Duschräume	22 °C

Im Anschluss an eure Untersuchungen könnt ihr die Ergebnisse in der Schule veröffentlichen und Vorschläge zum Energiesparen machen.

Ob wirklich Energie gespart werden kann, hängt aber davon ab, dass wirklich alle mitmachen und man schon im nächsten Jahr einen Erfolg feststellen kann. Vielleicht ist dann Wasser sparen euer nächstes Projekt?

Fragen

1 Was hat Wasser sparen mit Energie sparen zu tun?

2 Was versteht man unter einem Stand-by-Betrieb elektrischer Geräte? Gibt es in eurer Schule Geräte, die unnötigerweise im Stand-by-Betrieb sind?

Rückblick

Auf den vorhergehenden Seiten hast du einige Versuche, neue Begriffe, Beobachtungen und Erklärungen kennen gelernt. Wenn du die folgenden Aufgaben bearbeitest, erstellst du dir selbst eine Zusammenfassung des Kapitels und kannst überprüfen, ob du das Wichtigste verstanden hast. Bist du an einer Stelle unsicher, dann sieh auf der angegebenen Seite noch einmal nach.

Gegenstände und Begriffe

1 Was versteht man unter
 a einem Energiespeicher? (→S. 104)
 b einem Energieumsetzer? (→S. 104)
 c Energieentwertung? (→S. 107)

Beobachtungen

2 Was beobachtet man, wenn man
 a ein sich drehendes Rad mit der Hand abbremst? (→S. 104)
 b Wasser aus unterschiedlichen Höhen herunter fließen lässt? (→S. 105)

Erklärungen und Erläuterungen

3 a Erkläre die Vorgänge in einem Kohlekraftwerk und zeichne eine Energietransportkette! (→S. 103, →S. 105)
 b Erkläre die Vorgänge in einem Windkraftwerk und zeichne eine Energietransportkette! (→S. 103, →S. 105)

Zusammenhänge

4 Welcher Zusammenhang besteht zwischen der Höhe eines springenden Balles und der Energieabgabe beim Aufprall?

Erläutere die in den nebenstehenden Bildern wiedergegebenen Erscheinungen und beantworte die Fragen!

1 Was ist das Besondere an diesem Kraftwerk? Woher bezieht es Energie?

2 Was soll mit diesen Versuch untersucht werden?

Fragen

1 a) Nenne 3 Energiespeicher und 3 Energieumsetzer!
b) Nenne den Unterschied zwischen Energiespeichern und Energieumsetzern!

2 Die Zeiger einer Uhr benötigen Energie für ihre Bewegung. Untersuche bei verschiedenen Uhren (Armbanduhr, Wecker, Pendeluhr), woher sie ihre Energie beziehen!

3 Ohne Antrieb pendelt eine Schaukel langsam aus. Wo bleibt die Energie?

4 Weshalb gehen Brennstoffe wie Kohle und Erdöl zur Neige?

5 An der Mündung der Rance in der Nähe von St. Malo (Frankreich) treiben bei Flut die flussaufwärts strömenden Wassermassen die Turbinen des Gezeitenkraftwerks (Abb. ➤ 3) an.
a) Nenne Vor- und Nachteile dieses Kraftwerks!
b) Versuche mit Hilfe anderer Bücher herauszubekommen, warum gerade bei St. Malo ein Gezeitenkraftwerk gut arbeitet!

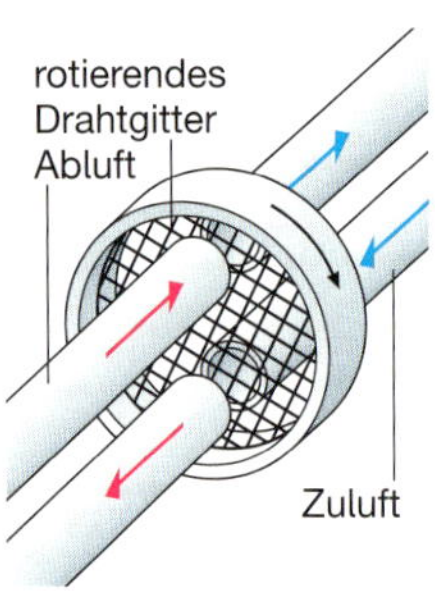

4 Wärmerückgewinnung

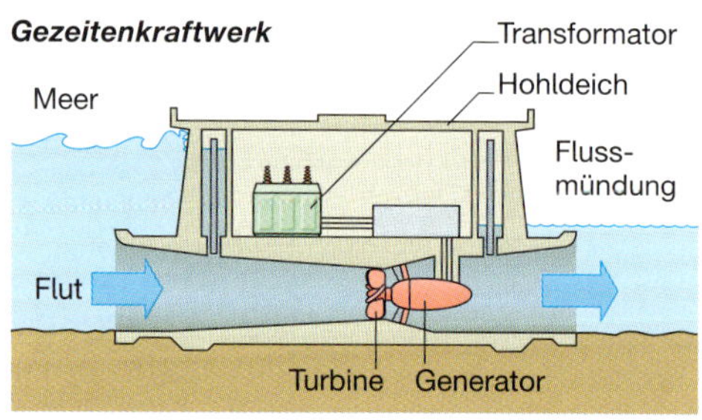

3 Das Gezeitenkraftwerk bei St. Malo

6 In größeren Betrieben wird durch „Wärmerückgewinnung" (Abb. ➤ 4) Energie gespart. Wie gibt hier die warme Abluft einen großen Teil ihrer Energie an die kalte Zuluft ab?

7 Auf den Boden auftreffender Regen besitzt Energie. Wie könnte man sie nutzen?

8 Als Brennstoff der Zukunft gilt Wasserstoff. Informiere dich, welche Vor- und Nachteile Wasserstoff gegenüber den heute üblichen Brennstoffen besitzt!

Stichwortverzeichnis

Bildquellenverzeichnis

Einband: Isaac Newton (Archiv für Kunst und Geschichte, Berlin) verfremdet.

6.1 dpa, Wolfgang Weihs, Frankfurt; – 15.1 Junkers, Robert Bosch GmbH, Wernau; – 18.1 Das Fotoarchiv, Peter Hollenbach, Essen; – 19.1a Scala Electronic GmbH, Grünwald; – 19.1b-c Mauritius, Poehlmann, Mittenwald; – 19.2 Focus, SPL, Martin Dohrn, Hamburg; – 20.4 Ursula Walter, Frankfurt; – 21.4 BASF, Ludwigshafen; – 24.1 Georg Gerster, Zumikon, Schweiz; – 28.2 Georg Heinrichs, Mönchengladbach; – 32. Zefa, Pieter Magielsen, Nederland, Düsseldorf; – 34.1 Focus, T. Deketelaere, Agency Vandystadt, Hamburg; – 34.2 Okapia, Daniel J. Cox, OSF, Frankfurt, – 34.3 Photo-Center Greiner & Meyer; Meyer, Braunschweig; – 34.4 Zefa, Jennerich, Düsseldorf; – 35.1 Helga Lade, Photri, Frankfurt; – 35.3 Mauritius, Pokorski, Mittenwald; – 36.1 Flir AG, Kriens; – 37.2 Grünzweig & Hartmann AG, Ludwigshafen; – 38.1 D. Halder, Stuttgart; – 38.4 Zuckerfabrik Digital, Ginger Neumann, Stuttgart; – 40.1 Deutscher Aero Club, Dr. Zink, Calw; – 41.4 Mauritius, Troisfontaines, Mittenwald; – 41.5 Deutsches Rotes Kreuz, Bergwacht Württemberg, Stuttgart; – 42.1 Mauritius, Cupak, Mittenwald; – 47.1 Georg Heinrichs, Mönchengladbach; – 49.4 Bilderdienst Süddeutscher Verlag, München; – 52.1 Focus, SPL, Hamburg; – 52.2 Internationales Bildarchiv, Horst von Irmer, München; – 52.3 Toni Angermayer, Hans Reinhard, Holzkirchen; – 53.2 Conrad Electronic GmbH, Hirschau; – 54.3 Wolf Garten GmbH, Betzdorf; – 57.3 Innenministerium Baden-Württemberg, Landespolizeidirektion Stuttgart; – 58.4 Mauritius, Kuchlbauer, Mittenwald; – 67.1 AKG, Berlin; – 68.4 Schott, Mainz; – 69.1 Deutsches Museum, München; – 69.5 Conrad Electronic GmbH, Hirschau; – 70.3 dpa, epa stringer, Frankfurt; – 71.2 Zuckerfabrik Digital, Ginger Neumann, Stuttgart; – 74.3 Zuckerfabrik Digital, Ginger Neumann, Stuttgart; – 78.2 petra-electric, Peter Hohlfeldt GmbH, Burgau, – 78.3 Moulinex GmbH, Ocealys 250, Solingen; – 82.1 plus 49, Visum, Rudi Meisel, Hamburg; – 83.2 Mauritius, Mittenwald; – 86.1 Toni Angermayer, Hans Pfletschinger, Holzkirchen; – 86.2 Mauritius, Albinger, Mittenwald; – 87.1 Mauritius, Rossenbach, Mittenwald; – 87.2 Globus Press Int., DVAG Köln; – 88.1 Conrad Electronic GmbH, Hirschau; – 89.3 Hochschule für Technik und Architektur, Biel, Schweiz; – 91.2 Getty Images Bavaria, Panoramic Images, München; – 91.3 Renate Lehnig, Presseamt Kassel, – 91.4 dpa, Martin Ruetschi, Keystone Archiv, Frankfurt; – 94.3 Astrofoto, Bouillon, Sörth; – 95.1 Carl Zeiss, Oberkochen; – 98.1 Mauritius, Thonig, Mittenwald; – 98.2 Focus, Gerhard Vandystadt, Hamburg; – 98.3 dpa, Koch, Frankfurt, – 98.4 Mauritius, Ravenswaay, Mittenwald; – 100.2 H. Janus; – 102.1 dpa, Ossinger, Frankfurt; – 103.3 Superbild, Eric Bach, München; – 103.4 Siemens AG, KWU, Erlangen; – 103.5 Mauritius, Lindner, Mittenwald; – 104.2 RWE, Essen; – 107.2 H. Geissler/U. Weng, F. H. Darmstadt; – 110.1 Naturenergie, Yvonne Schweickhardt, Grenzach-Wyhlen; – 110.2 Georg Heinrichs, Mönchengladbach.

Hartmut Fahrenhorst, Unna: 12.3; 95.3
Eckhard Müller, Böbingen an der Rems: 49.1; 96.4
Silberzahn, Stuttgart: 86.4; 92.2a, b; 96.1 – 3
Jens Werlein, Schwäbisch Gmünd: 53.1

Alle übrigen Fotografien stammen von Ginger Neumann und Thomas Zörlein, WERKSTATT FOTOGRAFIE, Stuttgart, und aus dem Archiv des ERNST KLETT VERLAGES.